SI Libretto—007

人間と自然環境の世界誌

知の融合への試み

井上幸孝・佐藤 暢 編

専修大学出版局

故　矢野建一先生に捧ぐ

本書を手にした皆さんへ

「文理融合」や「学際的研究」といった声は、しばらく前から日本でも盛んに聞かれるようになり、さまざまな研究機関や大学間の研究活動でそうした試みがなされています。けれども、それが中等教育や高等学校の教育、あるいは大学の学部教育に反映されるにはまだまだというのが現状です。本書は専修大学におけるそうした取り組みの一端をわかりやすく紹介し、とりわけ若い読者の方々に学問の将来的可能性を知っていただきたいというねらいで編まれたものです。

まずは、本書が企画された経緯を簡単に述べておきたいと思います。

専修大学では、自然科学研究所と文学部人文・ジャーナリズム学科主催で、二〇一三年一一月に「自然環境と人間生活の接点を考える」と題した公開講演会を実施しました。その後、二〇一五年度前期には、融合領域科目の一つとして、人間と自然環境のかかわりをテーマにした「学際科目一〇六」を開講しました。融合領域科目というのは、専修大学の

「新たな学士課程」の導入によって全学部の学生を対象に設置されたもので、従来の専門科目と教養科目にまたがって両者を横断的につなぐ新たな科目群として、学際的な視点を提供するものです。

一方、編者の一人である井上は、「環太平洋の環境文明史」（文部科学省科学研究費補助金・新学術領域研究、代表・青山和夫茨城大学教授、平成二一〜二五年度）という大型プロジェクトに分担研究者として参加する機会を得ました。年縞の研究（第2講）やマヤ遺跡の発掘（トピック1）などで大きな成果を出したこの研究プロジェクトは、井上にとっても新たな知の地平に触れ、共同研究を推進する貴重な経験でした。

本書は、いま述べたプロジェクトを含め、専修大学の講座と講義でお話しいただいた学内外の先生方を中心に、それぞれの専門分野に立脚して、人類の活動と自然環境の両方に関わる事例についてやさしく述べたものです。文学や歴史学から動物生理学や地球科学、さらには経営学に至るまで、執筆者の専門はさまざまですが、本書のタイトルが示すように、異なる分野の知の融合を目指し、人類・文明と自然・環境のかかわりを、ここの学問分野を越えた広い枠組みから考えることを目的としています。

以下、六つの「講」と六つの「トピック」からなる本書の概要を紹介しておきます。

第1講の執筆を担当した井上と佐藤は、それぞれ歴史学と地球科学が専門です。前者は主にメキシコの歴史、後者は岩石学・テクトニクスを専門としていますが、ここでは、歴史や文明をどう巨視的に捉えることが可能かを考えます。つまり、人類の過去を振り返るのに、いろいろな学問分野の知の蓄積や新発見がいかに有用であるのかを見ていきます。

第2講〜第4講は自然科学の立場に寄った研究分野から、各執筆者がそれぞれのテーマを論じています。第2講は湖沼堆積物を主とした古環境復元の研究、第3講は人骨などを扱う自然人類学という分野の専門家によるものです。第4講は、動物生理学の立場から砂漠という自然環境における動物と人間の生活について扱います。

第5講と第6講は、人文科学側からの自然にかかわるアプローチです。第5講では、病原体が人間の歴史とどう関係してきたかが論じられます。第6講では文学研究者の視点から自然をどう見るかがテーマとなっています。

これらさまざまな異なる分野からのアプローチをより有機的に理解するために、「トピック」と題した短い文を各講の間に配しています。考古学（トピック1）、地球科学（トピック2）、文化人類学（トピック3）、歴史学（トピック4）、経営学（トピック5）、さらには宗教思想（トピック6）といった各分野の視点から、人間と自然環境の関係、人間活動の捉え方について簡潔に論じられています。

本書の編集に際しては、最低限の表記や用語の統一を行いましたが、文体を無理にそろえたりはせず、それぞれの著者の個性や専門分野に根ざしたスタイルをなるべく尊重するようにしました。さまざまな専門の著者ごとに異なる文体や叙述の仕方も観察しながら読み進めてもらえるとよいのではないかと考えています。

人間の活動と自然環境の関係という主題は壮大であり、とうてい、本書だけで結論が出るようなものではありません。しかしながら、本書を読むことで、現在の各分野の研究の最先端を知っていただくと同時に、二一世紀初頭の私たちが現在直面したり、今後向かい合うことになるであろう人類の諸問題を考えるうえでのなにがしかのヒントを得てもらえれば、その目的はある程度達成されたことになります。「理系が必要」とか「文系が不要」といった大雑把で短絡的な発想ではなく、それぞれの学問分野が交錯し、知恵を出し合い、相互作用し、そうして議論が進んでいくことで、人類に有益なより大きな「知」を作り出せると私たち筆者は考えています。本書がそうした可能性を模索していくための着実な一歩となることを願っています。

最後になりましたが、この企画を実現に移してくださった矢野建一学長および専修大学学長室企画課、さらには多忙ななかこの企画に加わっていただいた執筆者の各先生方、そしてさまざまな機会に学問的な刺激をいただいた数多くの先生方に心から感謝いたします。

二〇一六年三月

インカ帝国の古都クスコにて

編者を代表して　井上幸孝

目次

第1講 人類と自然環境のかかわりを考える

井上幸孝・佐藤　暢

はじめに

二一世紀初頭を生きる私たちの社会は、ある種の「不安」に包まれているようにしばしば見える気がします。物事を悲観的に捉えたくはないけれども、世紀の変わり目を経験してからの日本社会、あるいは世界全体には、どうも暗い話題が付きまとっているように思えてなりません。二〇〇八年のリーマンショックや二〇一一年の東北地方太平洋沖地震とそれに引き続く福島第一原子力発電所の事故、直近では「イスラム国（ＩＳ）」の台頭と、世の中が「暗い」と感じられずにはいられないニュースや報道が絶えません。

いったい、これから人類はどこに向かおうとしているのでしょうか。もう少し具体的に言えば、環境問題はこれから私たちにどういった影響を及ぼすのでしょうか。戦争のない世の中は果たしてやってくるのでしょうか。各地で噴出する民族問題はどうすれば解決しうるのでしょうか。これら一つ一つに答えを出すのは、それぞれに困難な課題です。けれども、ただ悲観論に踊らされていては、先行きはますます暗いものにしかならないでしょう。

学問の有用性や即効性が問われることの多い昨今ですが、高度に専門化し、ときに「タコツボ化」したと批判される各学問分野も、それら全体としての学問的な「知」の力を合わせれば、人類にとって有益な未来を拓ける可能性はまだ大いにあるように思います。少なくとも、私たち筆者はその可能性を信じています。

人類が歩んできた過去の足跡を振り返ることは、自然科学の観点からも人文・社会科学の観点からも、人類の「いま」と「これから」を考えるうえで欠かせません。そこで、まずは先人たちが人類の歴史をどう見つめてきたかを簡潔に振り返ったうえで、自然科学の観点を持ち込むことが過去へのまなざしを豊かにすること、そして学際的な多分野からのアプローチがどうなされてきたかについて概観します。既存の学問分野の枠組みを超えることで、より幅広い視座を持つことができる可能性を示唆するというのが、本講の目的です。

世界史の限界と新たな挑戦

近年、伝統的な「世界史」の研究や教育の不十分さは、それを構築してきた歴史学者自身もしばしば意識するようになってきました。西洋もしくは欧米中心史観に基づいて世界史像が構想されてきたという問題点、国家を主役に据えた歴史叙述の限界などは、多くの歴史学者に共有されるようになってきました。かつて歴史学という学問を築き上げた西欧の歴史家たちが抱いたような、西洋こそが歴史の原動力であり、真の文明であるといったような、偏狭な西洋中心史観は成り立たなくなってきています。たとえば、一九世紀ドイツのヘーゲルやランケの歴史学への功績は多大ではありますが、非ヨーロッパの多くの地域（たとえばアフリカやラテンアメリカ）を文明の一部と捉えないような彼らの偏狭な世界史像に無条件で賛成する歴史学者はもはやいないでしょう。

日本では一九世紀以降、西洋から輸入された歴史学を発展させ、国史（日本史）・西洋史・東洋史という三分野が確立されました。学校教育においては、第二次世界大戦後、これらのうち西洋史と東洋史が統合されて「世界史」という高等学校の科目が一九四九年に誕生しています。このように、由来は西ヨーロッパ中心の西洋史と中国中心の東洋史を貼り合わせたものであったわけですが、現在の学校教育の世界史ではその偏りも少しずつ是正されつつあります。とはいえ、日本の中高生がときに感じる「世界史のつまらなさ」は、しばしば指摘される「詰め込み」型の教育だけに由来するものではないのかもしれません。暗記（基礎知識をつけるという意味でこのこと自体は悪いこととは思いませんが）の退屈さに加え、開国以来の西洋の「借り物」をいまだにつなぎ合わせている不自然さのなごりがあり、客観的で、将来への展望を開くような人類の歴史を提示しきれていないことにも起因するのではないでしょうか。

先に述べたように、西ヨーロッパで築き上げられた歴史学という学問は、現在では地球上の人々すべてを含めた「真の世界史」を構想せざるをえない状況にたどり着きつつあります。その結果として、従来の世界史とは異なる世界史を考えようという、新たな動きが進行してきました。たとえば、歴史学者の羽田正は「新しい世界史」を唱え、「世界はひとつ」であり、特定地域を「中心」と定めて叙述されてきた世界史の問題を克服していかなければならないと説いています（羽田　二〇一一）。他方、アジア史学者の水島司らが取り上げている「グローバル・ヒストリー」も、日本国内における、そうした現代の状況への一つの試みと位置づけられるものです。水島は、時間と空間やテーマの幅広さがグローバル・ヒストリーの特徴であると述べ、従来の国民国家という枠組みの一国史観やヨーロッパ中心主義の相対化、さらには歴史認識や世界史認識形成への寄与を射程に収めています（水島　二〇一〇）。両者の見解に共通して見られるのは、歴史を振り返ることは有益であるという前提と、ときにこれまでの歴史の見方への痛烈な反省を含んでいる点です。

では、人類の過去をもっと有益な形で振り返るのに、どういった工夫が可能なのでしょうか。以下では、その可能性をいくつか探ってみましょう。

人類史・文明史の視座と環境

伝統的な世界史の発想とは少し異なった角度から人類や文明の歴史をまとめようとした研究者はこれまでにも多く存在しました。たとえば、二〇世紀半ばにイギリスの文明史家アーノルド・J・トインビーは、およそ二〇年を費やして『歴史の研究』という大著を著しました（トインビー　一九七九）。彼は、ヨーロッパだけを優れた文明と見なすのではなく、歴史上存在した（および存在している）二一の文明を取り上げ、それらを大きく三つの段階に分けて論じました。

もう少し新しいところでは、一九九〇年代にアメリカの国際政治学者サミュエル・ハンチントンが『文明の衝突』という著書を出版しています（ハンチントン　一九九八）。彼は、冷戦後の世界秩序を八ないしは九の文明圏から成るものと考え、それらの文明圏の間の今後のあり方を考察しています。同書の出版から数年後には、二〇〇一年の同時多発テロ、それに続くアメリカ合衆国によるアフガニスタン侵攻やイラク戦争などを予見したとして大きな反響を呼びました。

人類の文明をより大きな観点からどう見るかという試みは、欧米の研究者だけが取り組んできたわけではありません。日本においても国立民族学博物館（大阪府吹田市）の初代館長を務めた梅棹忠夫が一九五七年に「文明の生態史観」を著し、環境・生態面も考慮してユーラシア大陸各地の文明発展の形を論じました（梅棹　一九九八）。また、比較的最近では、地域研究者の高谷好一が「世界単位」という用語を提唱し、「文明」という用語や概念とは違った括り方から世界全体を見直そうと提案しています（高谷　二〇一〇）。

こうした人類史や文明史と呼べるような壮大な歴史像の探求において、近年注目されてきたのが環境史と呼ばれる分野や、環境という観点を取り入れたさまざまなアプローチです。歴史学者の中には気候そのものの歴史を扱う歴史家や環境に関する人間の概念を論じた研究者もいます（ル＝ロワ＝ラデュリ　二〇〇九、アーノルド　一九九九）。現在、地球環境史、環境文明史、環境考古学などさまざまな学際的な研究分野や研究手法が発達してきており、そこにも「環境」の語が取り入れられています（安田　二〇〇七、池谷　二〇〇九、青山ほか　二〇一四）。環境を研究や叙述の対象とすることは、それはそれで大事なのですが、ここでは人類や文明の歴史を振り返るうえで、自然科学に分類される研究分野がこのうえなく重要な役割を果たしうるという点を特に強調しておきたいと思います。

つまり、人類の壮大な歴史を振り返るとき、仮にその叙述を行うのは歴史学者など「文系」の者であったとしても、そこに盛り込まれたり分析の背景になる「知」はそうした人文科学者だけの閉じられた枠には収まらないのです。いやむしろ、広く開かれた学問的な姿勢を持とうとすることこそが人類史や文明史の見方を豊かにしてくれると言えるでしょう。

では、自然科学の立場から人類の歴史を振り返る場合、いかなる観点や手法が重要になってくるのでしょうか。次に、自然科学の立場からどのような手法があるのかについて、その一端を見てみることにしましょう。

自然科学からより幅広く人類の歴史を見る方法

自然科学の立場から歴史を考える際の注意点として、自然環境は変わるものであるという点を指摘しておきたいと思います。現在、人為的に放出された二酸化炭素などの温室効果ガスの大気中の濃度が増加することに伴う地球温暖化の懸念が高まっています。この環境の変化は、一八世紀の産業革命以降、特に二〇世紀以降の工業化に伴う化石燃料の利用が原因とされています。そのためそれ以前の地球環境が安定していて、環境変化の原因は人為的なものであると誤解されることもありますが、実際には、人類が文明を築く以前か

図1　スイス・グレッチェ付近から臨むフルカ峠とローヌ氷河（佐藤暢撮影）。ローヌ氷河はわずかに見えているだけあるが、19世紀頃までは手前側に張り出していた。1870年の絵はがきは以下のサイトなどで参照することができる。
https://commons.wikimedia.org/wiki/File:Rhonegletscher 1870.jpg

ら、地球環境は変動を繰り返してきたのです。

フランスのリヨンを流れるローヌ川の源流はスイスアルプスのグレッチェ付近にあり、そこにはローヌ氷河が広がっています。グレッチェ付近にはフルカ峠とよばれるスイスアルプスの難所があり、現在、グレッチェの村から見るとローヌ氷河はフルカ峠の辺りにかろうじて見えるだけです（図1）。けれども、一九世紀頃の絵はがきにはグレッチェの村の目と鼻の先まで氷河が迫ってきている姿が描かれています。実は、一四世紀頃からこの絵はがきが作られた一九世紀にかけての時期は小氷期ともよばれ、現在では凍りそうにもないロンドンのテムズ川が氷結したこともあるほどの寒い時期でした。つまり、小氷期にはヨーロッパ一帯が寒冷化したことが知られています。その後、小氷期からの回復と二〇世紀以降の気温の上昇によってローヌ氷河は縮小し、現在のような姿になっていったのです。ところが、小氷期からの回復時期と産業化・工業化の時期が重なっているために、地球環境の寒冷な状態からの自然の回復といわゆる地球温暖化とを区別できなくなってしまっています。この点に関連して、ゲーリングらの研究によれば、ローヌ氷河が現在よりも長くなったのは約四〇〇〇年前以降のことであり、さらに以前は現在よりも短かったという結果が得られています（Goehring ほか、二〇一二、図2）。これが正しいとするならば、約四〇〇〇年前よりも古い時代には、現在よりも暖かな時代があったということを意味しています。

もっと遡れば、約七〇〇〇から六〇〇〇年前の縄文時代前期の頃は現在よりも海水面が高く、そのため海は内陸部まで広がっていました。気候が温暖になったことと、それに伴って北アメリカ大陸やヨーロッパを覆っていた氷床が融けたために海水量が増加したことが原因と考えられています。関東地方の縄文時代の貝塚は現在の内陸部に数多く分布しています。つまり、その当時はそうした貝塚の周辺まで海が広がっていたのです（図3）。

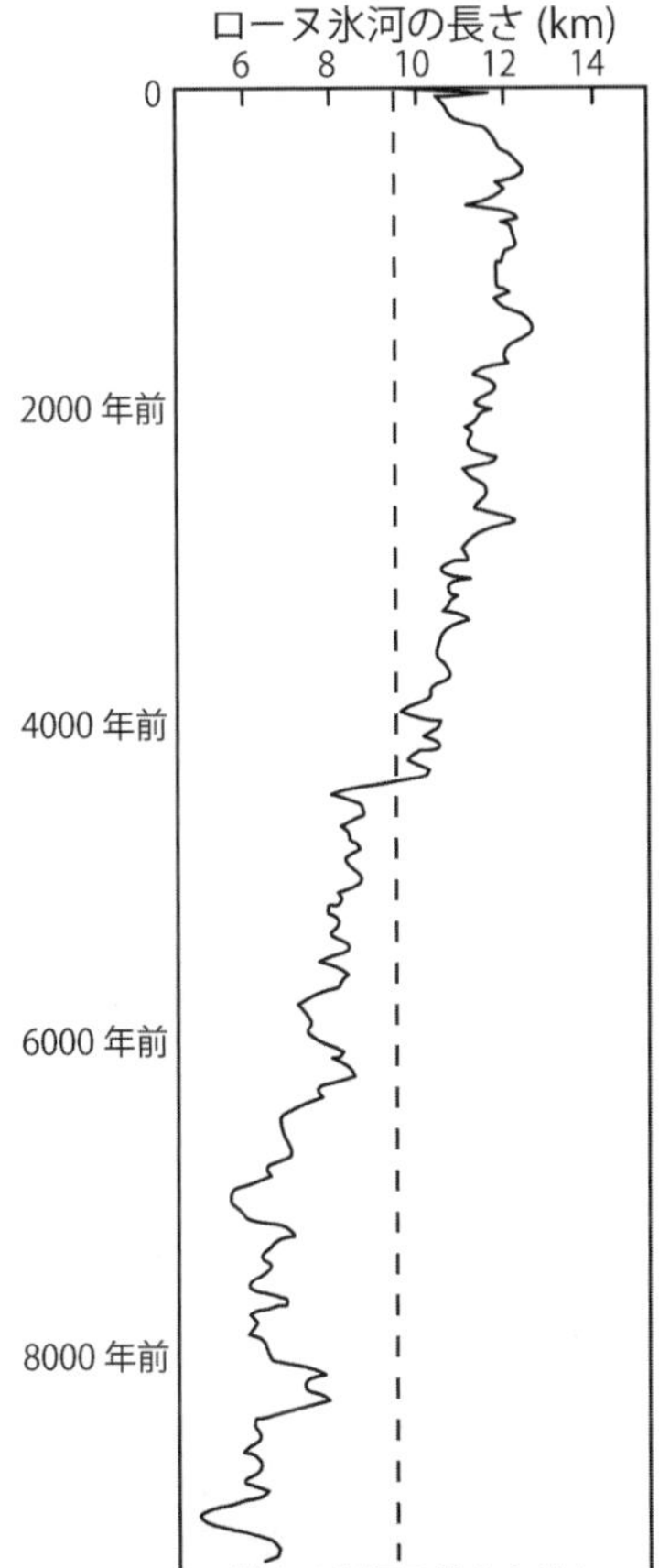

図2　シミュレーションで得られたローヌ氷河の長さの変化
〔Goehring et al. (2012) の結果に基づいて作成〕

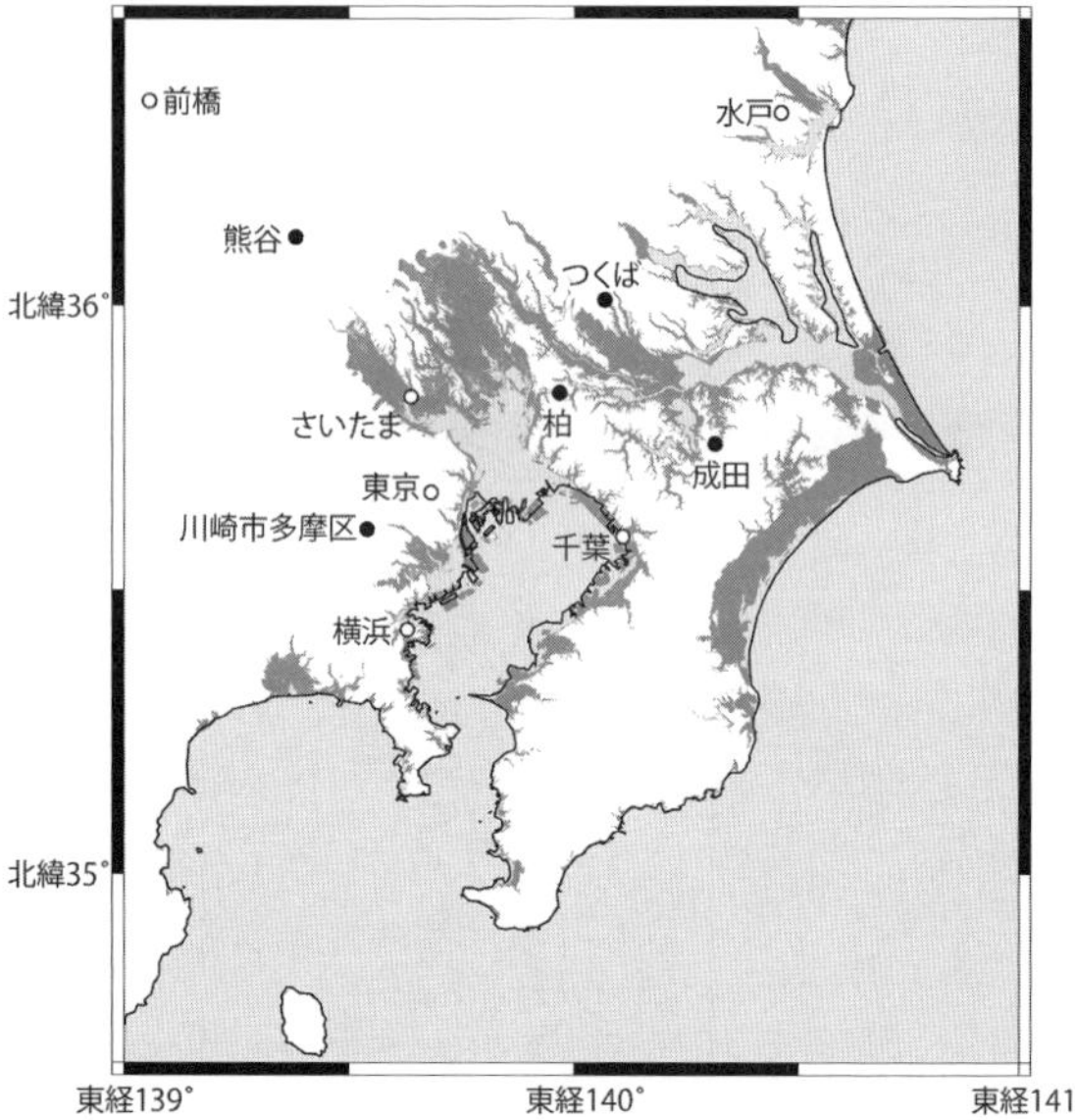

図３　縄文海進の際の海水準。縄文海進では海水面が２〜３メートル上昇していたと推定されている。薄い灰色が現在の標高で３メートルの部分までが海水に覆われていた場合を示している。ただし、縄文海進の際は現在の標高で10メートル程度までが海水に覆われており、その後最終氷期以降の海水量の増加に伴う陸域の隆起が生じ、現在の標高になったと推定されている。濃い灰色が現在の標高で10メートルの部分までが海水に覆われていた場合を示す。国土地理院の数値地図50mメッシュ（標高）日本-Ⅱのデータを用いて、Generic Mapping Tools（GMT）により佐藤作成。

さらにもっと時代を遡ってみましょう。最終氷期（これまでのところ最後の氷期で、約一万二〇〇〇年前に終了）の最寒期には、縄文時代前期とは逆に現在よりも一二〇メートルほど海水面が低かったと考えられます。そのため、東シナ海の大部分は陸化し、現在日本列島と大陸の間にある対馬海峡は本当に幅の狭い海峡となり、ほぼ陸続きと言ってよい状況になっていました（図4上）。また、ユーラシア大陸とサハリン島の間にある間宮海峡や、サハリン島と北海道に間にある宗谷海峡は完全に陸続きでした。北海道と本州を隔てる津軽海峡も、対馬海峡と同様に幅の狭い海峡でした（図4中）。同じ頃、ユーラシア大陸と北アメリカ大陸の間にあるベーリング海峡も陸化し、そこを通って人類がユーラシア大陸から北アメリカ大陸へ渡ったと考えられています（図4下）。

このように数千年や数万年といった時間、さらにはわずか数百年という時間においても、地球環境は大きく変化してきました。現在の環境や産業化・工業化が始まったころの地球環境を絶対的な基準にして過去の歴史を考え、現在の問題を解決しようとすると、誤った結論に至ることもあります。

ローヌ氷河の絵はがきは別として、ここまで述べたような環境の変化は歴史書や古文書の記録から復元されたものではなく、自然科学に分類される研究から解明されてきたもの

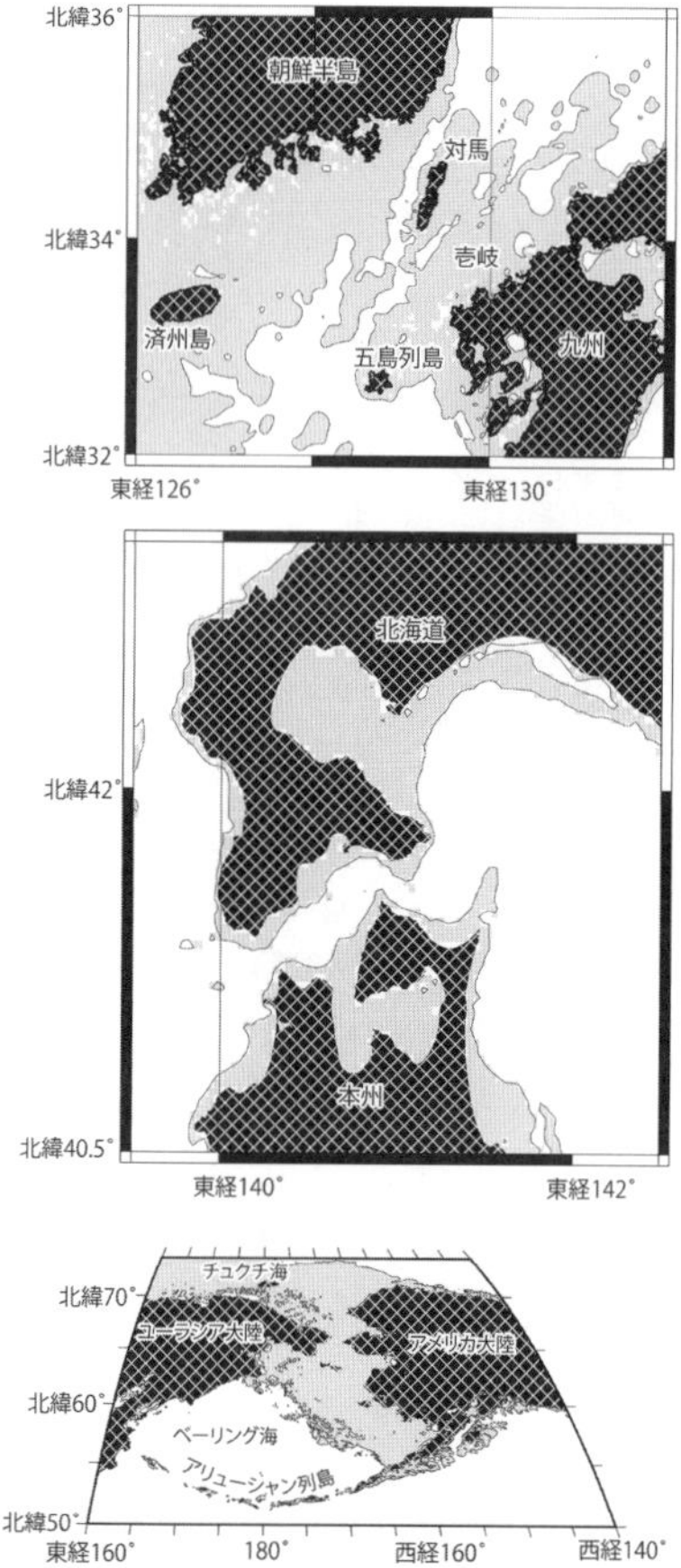

図４　最終氷期最寒期の海水準。現在の水深120メートルの等深線までが陸地と仮定して作成したもの。灰色の部分が当時の陸地と推定される部分。人工衛星の地形データを用いて、GMT により佐藤作成。

です。つまり、自然科学からは歴史書や古文書には描かれていない過去の環境を解明する手がかりを得ることができるのです。

次に、過去の復元に役立つ、自然科学の手法のいくつかを見ていくことにしましょう。まずは同位体を用いる方法です。同位体とは、同じ元素でありながら、その原子核に含まれる中性子の数が異なるものを指します。放射線を出しながら別の元素の原子核に変わっていく放射性同位体と放射線を出さない安定同位体の二つがあります。放射性同位体は一定の割合で別の元素の原子核に変わっていくので、もとの元素と変わった元素の比率を測定することによって、どのくらいの時間が経ったかがわかります。一方、安定同位体は自然界における存在の比率は変化しませんが、化学反応等の際に比率が変化します。このことを利用して、環境の推定を行うことができます。

歴史との関連でしばしば用いられる同位体として、炭素の同位体があります。炭素は自然界に広く存在する元素で、私たち人間を含め、生物の体は炭素で構成されています。主な同位体には、炭素12、炭素13、炭素14があり、炭素12と炭素13は安定同位体ですが、炭素14は放射性同位体です。

炭素14は大気の上部で窒素14に宇宙線が照射されることによって形成され、他の炭素と同様に二酸化炭素を形成し、混ざり合います。これらの二酸化炭素は呼吸などにより生体内に取り込まれ、また放出されるので、生体内での、他の炭素に対する炭素14の割合は一定に保たれます。一方で、生体が活動を停止すると、新しい炭素が取り込まれることがなくなり、生体内の炭素14が放射線を出しながら、一定の割合で窒素に変化し、数を減じていきます。ある時点で残っている炭素14の数がわかれば、生体が活動を停止してからどのくらいの時間が経っているかがわかります。近年、試料中に含まれる炭素14の個数を直接測定する炭素14加速器質量分析法が開発され、極微量の試料についてもかなりの精度で年代を推定できるようになっています。

二〇〇三年に国立歴史民俗博物館の研究グループが、九州北部から出土した弥生早・前期の土器に付着していた「煮焦げ」や「ふきこぼれ」などの炭化物を炭素14加速器質量分析法で測定し、暦年較正年代として紀元前九〇〇〜七五〇年頃という年代を報告しました(春成ほか、二〇〇三)。これにより弥生時代の始まりが紀元前一〇世紀頃まで遡る可能性が出てきました。それまでの通説では、弥生時代の開始は紀元前四世紀頃とされてきましたので、弥生時代の開始がかなり早まったことになります。そうすると、弥生時代、すなわち本格的な水田稲作が始まった時期について、誰が、どのような社会情勢の中で日本に持ち込んだのか、ということを含めて、考え直す必要が出てきます。このような研究結果の詳細な解説が、最近、藤尾（二〇一五）によって行われています。

安定同位体である炭素12と炭素13の比率は自然界ではほぼ一定ですが、大気の中で広がっていく速度や化学反応の際の反応に違いが生じ、それに対応して比率が変化します。たとえば、植物が行う光合成の反応にはいくつかの反応経路があり、それに基づいてC3植物、C4植物、CAM植物に分けられています。C3植物の例としてはクロレラなどの藻類のほか、イネ、コムギやダイズ、樹木が挙げられ、C4植物の例としてはサトウキビ、トウモロコシなどの熱帯や亜熱帯に産するイネ科の植物などが挙げられます。それぞれの植物が光合成反応を行う際に、反応経路の違いにより、炭素12と炭素13の比率が変化します。C3植物の体内では炭素13の比率は大気中の比率より低くなり、C4植物の体内での炭素13の比率は大気中の比率に近くなります。そのため、それぞれの植物に由来する地層中の有機物などの比率が異なることになりますので、当時の環境を推定することが可能になります。またそれらの植物を摂取した生物の体内でも、摂取した植物の同位体の比率を反映した比率になります。

このような炭素の安定同位体の比率に窒素の安定同位体の比率を組み合わせて、縄文時代の人々が何を食べていたのかを推定した研究があります（赤澤・南川　一九八九、南川二〇〇一など）。人骨のコラーゲンを取り出して炭素と窒素の安定同位体を測定すると、北海道の縄文人は海獣・魚類といった海産物を主に摂取していたのに対し、本州の山間部では、ドングリや野生のヤマイモ類といったC3植物主体を主に摂取していたことがわかっています。

同位体以外にも過去を知るために自然科学の手法とその成果が用いられています。先述のとおり弥生時代の編年が見直された理由の一つに「暦年較正年代」が求められるようになったことが挙げられます。炭素14を用いた年代測定法そのものは一九五〇年代に開発されて以来、考古学の分野でも長く用いられていました。これまでの炭素14年代測定法は、大気上部での炭素14の生成が時代を通じて一定であると考えてきましたが、宇宙線の生成率が変化するために、炭素14の生成率が変化することがわかってきました。そのため、時代によっては大気中の炭素14の割合が変化し、その結果、その時代の生物の生体内の炭素14の比率が変化することになるのです。これでは炭素14を用いた年代測定の根本を崩すものですが、時代ごとの大気中の炭素14の割合がわかれば、それを用いて補正をすることができるのです。ただしこの方法の場合、年代測定に炭素14を用いることができませんから、年代は別の方法で決定する必要があります。そこで用いられるのが樹木の年輪や湖底堆積物の年縞《ねんこう》です。

ご存知のとおり、樹木はその成長に伴って毎年年輪を作りますので、年輪がいつ形成されたのかがわかります。実際に年輪が作られた時期がわかれば、その年輪部分の炭素14を測定することにより、実際の年数と炭素14の示す年代の関係を示す曲線（較正曲線）を得ることができます。これにより得られた年代を暦年較正年代とよびます。考古学の分野でこれまで報告された炭素14を用いた年代の中にはこの較正を行わずに、測定結果をそのまま用いたものもあるなど、問題がありました。年輪を用いた較正曲線は約一万年前までのものが限界ですが、最近では湖の底に残された一年ごとの堆積物を調べることにより、約五万年前までの較正曲線が得られました（Ramsey ほか　二〇一二）。このような年縞研究は第二講で紹介されます。年輪の研究は炭素14の較正曲線を得るためだけではなく、それ自身も重要な環境の指標となります。たとえば、年輪の幅の変動はその地域の降水量と強い関係を示しています。

地層や年縞の中に含まれる過去の遺物や化石も過去の環境を推定する重要な指標となります。たとえば花粉や植物珪酸体などが含まれていれば、地層や年縞の後背地の様子を推定することが可能になります。植物珪酸体とは、植物内に蓄積した珪酸でできた粒子で植物ごとに異なる形態をしています。このため、花粉と同じようにどんな植物が生息していたのかの推定に役立ちます。たとえば、吉田らはフィリピンのルソン島中央部のパイタン湖という湖のおよそ二五〇〇年間の堆積物中の植物珪酸体を分析しました（吉田ほか　二〇一一）。約三五〇年前にイネやもみ殻に由来する植物珪酸体が増え、タケや樹木に由来するものは減少したことを明らかにし、文献によって得られた森林の減少過程と整合的であると報告しています。

人類の歴史と環境

歴史を考える際には、いつ、どのようなことが生じたのかがまず重要になります。解読可能な文書などが存在すれば、それほど難しいことではないかもしれません。しかし、時代を遡れば遡るほど、文書から得られる情報は限られたものになることはすぐに想像できるでしょう。また文書記録は、記録した側の視点が反映されるため、時に誇張や正当化するような記述が含まれ、真に正しい記述かどうか疑わしい場合もあります。さらに、記録した人が記録に値しないと判断した内容や、そもそもその時代には記録されなかったり認識されなかった内容は、文書には書き留められていないことになります。

世界史の教科書を読むと、ある集団が他の集団に争いを仕掛けるという出来事が何度も繰り返されていることに気づきます。人類という集団はかなり好戦的であるような印象すら受けてしまいます。その理由は、ある集団が大きくなって、社会体制が変化するとともに、軍事的にも強大化したためであるなどと説明されていることがあります。戦《いくさ》や戦争を肯定するつもりはありませんし、すべての場合に当てはまると主張するつもりもありませんが、ある集団が戦いという手段を通じて、他の集団の住む地域に侵略せざるを得なかった別の理由——たとえば、居住環境の変化や突発的な災害、気候変動の影響など——はないのでしょうか。

人類と自然環境のかかわりについて、環境可能論と環境決定論という二つの考え方があります。環境可能論とは、端的に言えば「環境は人類の活動に対して可能性の場を提供しているだけに過ぎず、環境から可能性を引き出し、現実のものとするか否かは人間次第である」という考え方です。一方、環境決定論は「地域の自然環境によって人間の活動が決定される」という考え方です。今日の歴史叙述の多くでは、環境決定論というより、環境可能論が支配的です。

しかしながら、環境決定論は軽視してよい考えなのでしょうか。確かに、社会のさまざまな工夫により、それまで生活に適さなかった地に都市を築いたり、耕作に適さなかった地で新たな品種の栽培が可能になったりして、環境が規定する範囲を越えた人間の活動は広がりを見せています。その一方で、自然災害などによりその地域に居住できなくなるという例もあり、人間の活動が自然環境によって制限されるという見方もできなくはありません。もちろん、現在では技術や社会の工夫によって、災害前と同じ場所に再び居住するようになった場合も多くありますので、完全に環境決定論とは言えないかもしれません。しかし、技術や社会の工夫がまだ十分ではなかった場合はどうでしょうか。自然災害や環境の変化が起こり、それまでの居住地で食料等をまかなえなくなれば、そこを捨てて別の地域に移動するケースは現在よりも頻繁であったと想像されます。仮に災害や環境の変化がなくとも、居住地で養える人口以上に集団の人口が増えてしまえば、技術革新や社会の工夫のなしには、居住地を拡張するか、別の地域への移住を考えなくてはいけません。もしその地に別の集団がすでに居住していれば、集団間の衝突、すなわち戦いに発展したかもしれません。このように環境可能論と環境決定論は、どちらが正しいかという性質の考え方ではなく、時代や地域によって、また集団によって、どちらがより強く影響するのかが変わってくると考えたほうがよさそうです。

このときに重要になるのが、環境の変化や自然災害がいつ起こったのかを明らかにすることです。ある出来事と別の出来事の間に因果関係があるかどうかを検証するのは非常に難しいことです。自然科学では、数値化された現象の場合、それらの数値の間の相関関係から判断する場合があります。その場合でも、相関関係がある――たとえばAが起こればBも起こる――という場合でも、因果関係がなりたつ――たとえばAが起こったのでBが起こった――ということは言えません。かつて地理学者のエルズワース・ハンチントン（先述の政治学者とは別人）は、人間活動の能率に影響を与える気候要素に基づいて気候的指数を求め、それと各国の文明度との世界地図での分布がよく一致することから、気候が文明を決定すると結論づけました（ハンチントン　一九三八）。このことは両者の相関関係が大きいことを示してはいますが、両者に因果関係がある、すなわち気候要素が文明度を決定することを証明するものではありません。歴史と環境の変化や自然災害との関係においては、さらに注意が必要です。AとBという出来事の前後関係を明らかにすることが、環境変動などの自然科学的な視点を歴史に取り入れていく際に、まずは重要な要素となるでしょう。

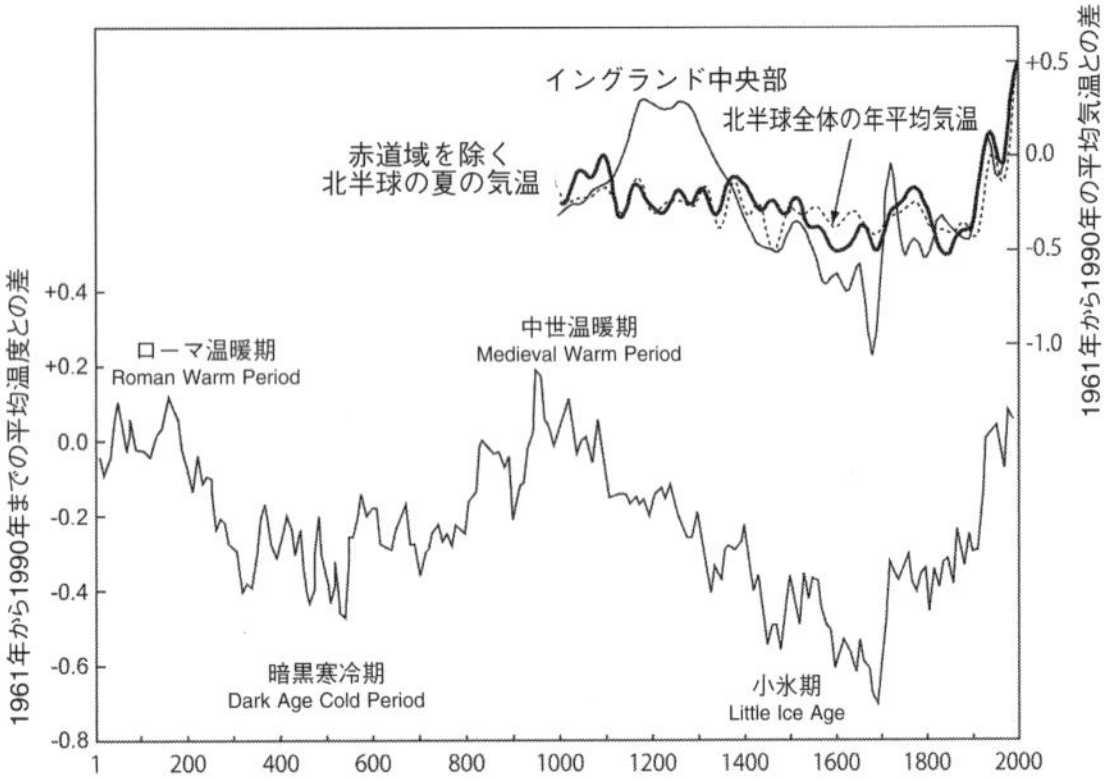

図５　紀元以降の気温の推定結果。紀元以降のデータは、Ljungqvist (2010) の結果に基づいて作成。右上の紀元1000年以降の推定は Mann (2002) の結果に基づいて作成。

これまでに報告された最近二〇〇〇年間の気温の変動（図５）に基づけば、紀元二〇〇年頃まではローマ温暖期と呼ばれています。これに続く三〇〇～八〇〇年頃が暗黒寒冷期で、その後一二〇〇年頃まで中世温暖期が続きます。一六〇〇～一八〇〇年頃までが小氷期で、その寒冷な気候から回復し、さらに気温が上昇しているのが最近の約一〇〇年間です。

その名のとおり、ローマ温暖期は古代ローマの繁栄期に相当します。四世紀初頭頃には気候は急激に寒冷化し、やや盛り返す時期もあったものの、六世紀頃までは寒冷な気候が続きました。この時期に西ローマ帝国が滅び、ヨーロッパ諸国が形成され始めました。東アジアの気候も同じ頃に寒冷化が進んでいて、安田喜憲はこれを「大化の改新寒冷期」と呼び、日本を始めとする東アジアでもさまざまな激動があった時代に相当するとしています（安田　二〇〇四）。

この寒冷期を過ぎると中世温暖期になり、文字どおり温暖な時期が続きました。ヴァイキングのグリーンランドへの殖民や農業生産の拡大のほか、さまざまな芸術や文化が花開いたのもこの時期です。安田はこの時期を「大仏温暖期」と呼んでいます。ただし、この温暖期については、それほど暖かくなかったのではないかという指摘もなされています。イングランドで暖かかったことは確かなようですが、北半球全体や赤道域を除いた北半球の平均気温は顕著な温暖傾向を示しておらず、「中世期気候異常」と呼ぶべき、わずかな気候の変動であったとも言われています（マン　二〇一四）。しかしながら、屋久杉の年輪記録では、日本列島周辺での温暖期は記録されているようですので（安田　二〇〇四）、今後多くの地域で気候復元を行い、検証する必要があるでしょう。

小氷期は中世温暖期に続く寒冷な時代です。先に見たローヌ氷河が現在よりもせり出していたのがこの時代で、特にヨーロッパや北アメリカで寒冷化していたようです。一七世紀後半～一八世紀初頭と一八世紀後半～一九世紀前半は太陽黒点が少ない時期に当たります。太陽の活動度の指標である太陽黒点が少ないということは、地球に届く太陽のエネルギーが少ないことを意味するので、これが小氷期の原因の一つではないかとも言われています。

これらの時期と歴史上の出来事を重ねてみると、気候が寒冷化すると、歴史上の激変が生じているようにも思えます。安田（二〇〇四）は日本を含むいくつかの文明の興亡の歴史を気候変動と関連づけて考察しています。ブライアン・フェイガンは過去の気候変動期を取り上げ、それぞれの時代のいくつかの文明の興亡について述べています（フェイガン二〇〇五、二〇〇八）。

寒冷化・温暖化以外にも考慮すべき気候の要素があります。降雨量の変化、すなわちその地域が湿潤であったか乾燥であったかも重要です。気温が高くかつ降雨量が多い現在の日本の梅雨の時期のような状況と、気温が高くても降雨量の少ない砂漠のような状況では、植生のみならず、人間の活動もかなり異なったものになるはずだからです。

降雨量の変化が人間の活動に影響を与えた例を紹介します。図6は、アメリカ合衆国アリゾナ州にある、ウパキ遺跡とよばれるプエブロ人の遺跡です。

ウパキ遺跡と同様の遺跡はアリゾナ州からユタ州、コロラド州、ニューメキシコ州に多

図6　アメリカ・アリゾナ州のウパキ遺跡。現地で得られる岩石とモルタルで作られているが、複数の部屋に分かれていたり、2階部分もあったと考えられている。この建物以外にも円形の集会施設などもあり、大きなコミュニティが存在していたことをうかがわせる（佐藤暢撮影）。

数存在しており、ニューメキシコ州の世界文化遺産にもなっているチャコ文化国立歴史公園やコロラド州のメサ・ベルデ国立公園などが有名です。現在のウパキ遺跡は背丈の低い草木がまばらに生える風景が広がっています。その中にいくつもの遺跡が残っています。プエブロ人はもともと二〇キロメートルほど南にあるサンセット・クレーター火山の近傍に住んでいたと考えられます。一〇八五年にこの火山が噴火し、溶岩や軽石を噴出しました。そのため、彼らは元々の居住地を離れ、現在のウパキ遺跡に居住するようになったと考えられています。ウパキ遺跡には八〇〜一〇〇名ほどの人々が住み、周辺も合わせると数千の人々がこの地域に居住し、農業や周辺の人々との交流・交易を行っていたようです。ところが、ウパキ周辺のプエブロ人は一二五〇年にはこの居住地を捨て、別の地域に移動していったと考えられています。その他のプエブロ人の遺跡も一四世紀中頃までには放棄されたことがわかっています。では彼らはどうして居住地を捨てたのでしょうか。アメリカ大陸にもともと住んでいた人々が居住地を捨てたと聞いて、ヨーロッパから来た人々の影響を考えてしまうかもしれませんが、一二五〇年といえば、コロン（コロンブス）がアメリカを「発見」するよりも前ですので、関係ありません。

現在考えられている、プエブロ人の移動の要因の一つとして、気候の変化、特に降水量の変化とそれに伴う旱魃によって農作物の収穫が少なくなったことが挙げられています。図7に示したのは、ウパキ遺跡に近いアリゾナ州の地点で推定された乾燥の程度（旱魃指数）です。

これは北アメリカの樹木の年輪を使って過去の水収支を推定したもので、夏期の気候の様子を示しています。これによると、サンセット・クレーターの噴火以降の数百年の中で一二五〇年頃が最も旱魃指数が低い、すなわち夏に乾燥していたことがわかります。彼らが主食にしていたトウモロコシは、冬の降水量によって発芽や初期の生育が左右され、夏

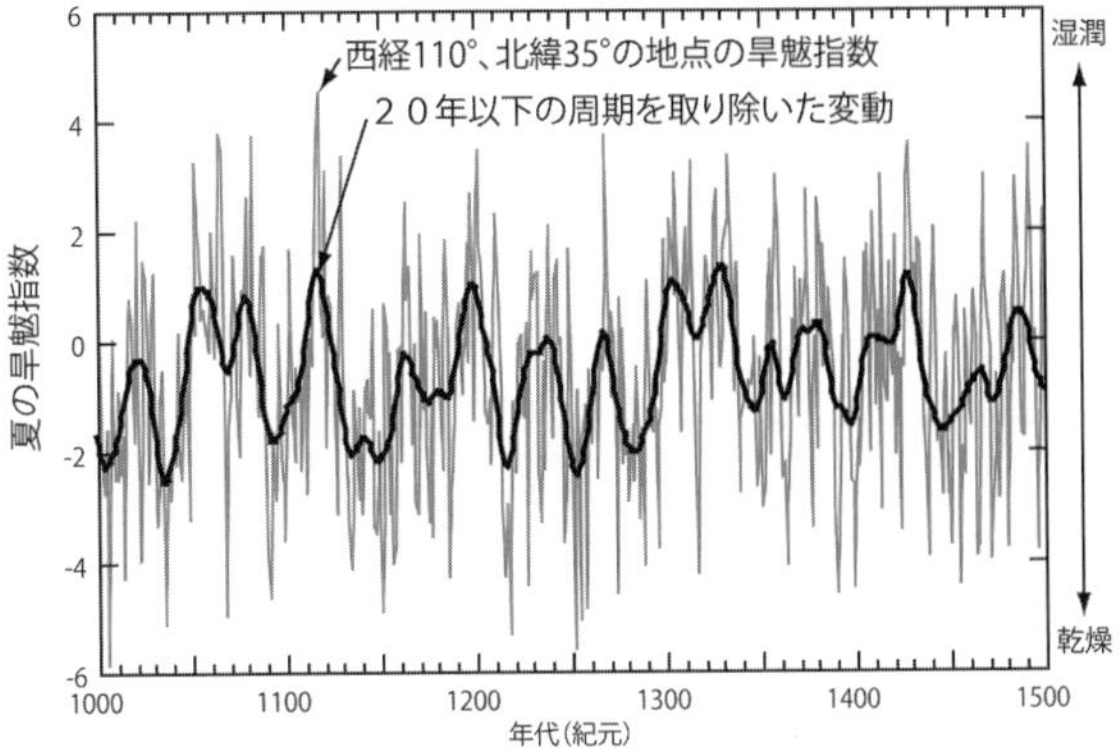

図７　アメリカ・アリゾナ州（西経110度、北緯35度）での西暦1000年から1500年までの旱魃指数の変化。コロンビア大学ラモントドハティ地球観測研究所のデータベース（http://iridl.ldeo.columbia.edu/SOURCES/.LDEO/.TRL/.NADA2004/.pdsi-atlas.html）より作成。

の降水量によってその後の生育が左右されます。夏に乾燥した時期が続くと、主食のトウモロコシの生産量が減るのです（Benson ほか　二〇〇七）。他の研究でも一二五三年頃にアメリカ西部で旱魃となった面積がピークを迎えていたことが示されています（Cook ほか　二〇〇四）。このような環境の変化がウパキの古代プエブロ人に、別のよりよい場所への移動をうながすことになったのです。

　ウパキ遺跡の例はほんの一例にすぎませんが、多くの歴史上の出来事が、気候変動が要因となったり、気候変動をきっかけとして生じた複数の要因が重なって生じたと考えられるようになってきています。しかしながら、注意も必要です。環境の変化はわずかな場所の違いでも生じますので、ある地点での気候変動を推定するために、たとえば同じ国、同じ大陸だからといって、離れた地点での分析結果を用いて考察すると、実態とは異なる結論に達してしまうこともあるかもしれません。また、同じような気候の変化が起こったとしても、それに対応するだけの社会体制を備えていた集団とそうでない集団とでは異なる歴史を歩むことになるでしょう。そのような限界や制限も十分に考慮しつつも、自然科学を含む多くの分野の研究結果を統合して、人類の歴史を考えていくことが可能になってきたのです。

ここまで見てきたような自然科学の研究から得られるデータや情報を活用して人類の歩みや文明の盛衰を論じた例として、ジャレド・ダイアモンドのベストセラーが挙げられます。生物学者であり、地理学の教授である彼は、一九九七年に『銃・病原菌・鉄』を著しました（ダイアモンド　二〇〇〇）。ダイアモンドは、ここ五〇〇年ほどの西洋優位の状況を、一万三〇〇〇年前の最終氷期の終わりから書き起こし、「歴史学とは一見かけ離れて見える他の科学分野から、さまざまな新しい知見がもたらされている」ことを取り込んで、人類の歴史を見直そうとしました。具体的には、作物やその祖先種を知るための遺伝学、家畜とその由来を解明してくれる行動生理学、人や動物の病原菌を研究する分子生物学、人間の疫病を扱う遺伝学などさまざまな学問分野の成果を駆使して議論を展開しました。

さらに彼は二〇〇五年の著書『文明崩壊』において、歴史上のさまざまな文明が滅びるメカニズムを、考古学や歴史学だけでなく、人文科学・自然科学を問わず多くの分野の知見を取り入れて論じました（ダイアモンド　二〇〇五）。同書は、現代のモンタナに始まり、古代のアメリカ大陸、ヴァイキングやグリーンランドなどの過去の社会の考察をしています。イースターやマヤのように、ダイアモンドによれば「崩壊した」社会のみならず、日本の徳川幕府のように環境問題を乗り越えた事例も論じています。さらには、ルワンダやカリブ海の島、中国やオーストラリアなど現代の社会も議論の対象とし、環境問題とのかかわりで文明や社会の崩壊を論じたのです。おおよそのイメージを掴んでいただくべく、ここでは『文明崩壊』の中のイースター島（ラパ・ヌイ）に関する部分（第二章）がどのような内容なのかをごく簡潔に紹介します。

オランダの探検者ロッヘフェーンが訪れた一八世紀には、同島の巨大な石像であるモアイ像を築いた人々はもはや繁栄していませんでした。ダイアモンドは地理学・地質学・気象学・遺伝学・言語学などの情報を総合しながらポリネシア人がいつ頃この島にたどり着いたのかを推定し、農耕や社会の変化を追いながら、モアイ像とその台座の制作の方法やこれら石像の意味を考察しています。考古学の成果はもちろん、当時の環境復元のための生物学や植物学、地質学などのデータも駆使し、ある時点で森林破壊が始まり、最後には森林が姿を消したという結論を導き出しています。すなわち、イースター島の環境破壊は、ヨーロッパ人による侵略のせいでも気候変動の結果でもなく、モアイ像を築いたかの島民たち自身（さらにはこれら島民が置かれていた状況）が招いた結末であったというわけです。

ダイアモンドの議論や結論がすべて正確かどうかは、各方面からさまざまな反論もあるので、留保しなくてはなりません。たとえば、最初の著書（『銃・病原菌・鉄』）で示されたピサロのインカ征服の事例は、ほぼ同時期に起こったコルテスによるアステカ征服（トピック4参照）に置き換えると同じような説明が成り立たないでしょう。右で見たイースター島社会の崩壊についても、「イースター島民は最後の木を切り倒さなかった」と真っ向から反対の見解も出されていますし、マヤ文明の「崩壊」（そもそも古典期マヤの衰退が「崩壊」や「滅亡」と呼べるものだったかどうかについても大いに議論の余地があります）の一因としての気候変動との関連性については、十分なデータがなく早計な結論は出せないと考える専門家もいます（青山ほか　二〇一四）。

ここで大事なのは、人類の歴史全体であれ、特定の時代や地域の事例であれ、それらを考えるときに、狭い特定分野の知見だけでなく、幅広い情報や研究成果を用いようとすることで、それまでは見えてこなかった状況が見えてくるという点です。ダイアモンドの著書はベストセラーとなってピュリツァー賞を受賞したなどの話題性もあったことから、多くの人に読まれてきました。個々の議論とその結論の妥当性はさておき、ここまで述べてきたような「見方の転換」や「異なる学問分野の知見の統合」の試みという点で示唆に富んでいると言えるでしょう。

学問分野の垣根を越えた「知」の統合へ向けて

前節では、人類の過去を振り返る際に、さまざまな学問分野の成果が有用であることをいくつかの事例を通して見ました。それでは、私たちはこうした視座を広げていくにはどうすればよいのでしょうか。本書の執筆者を含む研究者に何ができるのかを少し顧みておきたいと思います。

大学には学部や学科、決められたカリキュラムがあり、大学に属する教員は自分が専門とする分野を講義し、研究活動を行います。本講の執筆者の場合、井上はラテンアメリカ史を、佐藤は地球科学を専門とするといった具合です。けれども、学内外の共同研究やさまざまな研究集会（学会、シンポジウムなど）の場面で、異なる分野の研究者と出会うこともあります。たとえば、井上は茨城大学青山和夫教授（トピック2参照）が代表を務める科研費新学術領域研究「環太平洋の環境文明史」（二〇〇九〜一三年度）と「古代アメリカの比較文明論」（二〇一四年度〜）に研究分担者として参加しています。これら大型プロジェクトでは、考古学者や文化人類学者だけでなく、自然科学の研究者（地質学、年輪年代学、古気候学など）とも意見交換や議論をする機会があります。しばしば同じ対象を扱っていても、異分野の研究者が出会う場がなければ、なかなかお互いの意見交換ができないのが現状です。そうした点からも、「学際的な研究」や「理系と文系の垣根を超えた研究」を推進する努力が国全体として必要です。短期間で「役に立つ」研究を推し進めるのもよいのですが、五〇年後、一〇〇年後にも有用な、それも日本という一国の繁栄だけではなく、人類全体に与するような巨視的な観点に立った学問の基礎力を高める努力も必要だと考えます。

その一方で、こうした新たな「知の創出」や「知の統合」を進めても、それが研究者の間だけでの共有物になってしまってはあまり意味がありません。大学教育や高等学校の教育に浸透して初めて「国家の財産」になります。

何かの問題が起こったとき、特に人類の歴史にかかわるような問題であればなおさら、特定の一分野からだけでその問いに答えられるわけではありません。環境がすべてを決めるのではないにしても、政治や文化だけがすべてを決めているわけでもなさそうです。たとえば、最近の国際的な取り組みのいくつかでは、地球温暖化という差し迫った環境の問題に対処するために、経済や政治の面で姿勢の違う国であっても、協調しています。

大学での教育のような場面を考えれば、理系・文系、○○学・□□学、といった分類は、その学問分野の手法や方法、思考方法を修得するための、どちらかというと教育的な区分けであると言ってもよいかもしれません。実際、何かの問いに答えるのに、特定の学問分野でなくては不可能である、というケースはそれほど多いわけではありません。むしろ現代こそ、そのような多方面・多分野からのアプローチ、既存の学問分野の垣根を越えて物事を見ることが必要な時代なのではないでしょうか。とりわけ、これから学問の世界に入る若い方々には、そのような広い視野を持ってほしいと思います。ただし、「垣根を越える」のですから、それぞれが拠って立つ専門分野はあるのです（さもないと、すべてを広く浅くしか知らず、深い議論や考察をするための拠りどころを欠いてしまいます）。ある学問分野の手法や方法、思考方法を修得しつつも、その分野を越えた視野を持つ、そんな発想を抱く若者が増えれば、今後の日本の展望はこれまでよりもはるかに明るくなるのではないでしょうか。そして、私たち研究者もそうした視座を今後一層広げていかなくてはなりません。

次講以降では、確固とした専門分野に立脚しながらも、各執筆者がそれぞれの観点から垣根を越える議論につながる主題を論じています。大学の講義を聴くような感覚で、気軽にその世界に触れ、一つの対象をさまざまな角度から見ようとすることの知的な楽しみを味わってもらいたいと思います。

マヤ文明の多様性と自然環境

青山和夫

マヤ文明（前一〇〇〇年頃〜一六世紀）は、鉄器を用いず主要利器が石器の洗練された「石器の都市文明」でした。マヤ人は、大型の家畜を使わずに石器と人力で巨大な神殿ピラミッドがそびえる都市を建設しました。マヤの支配層は、スペイン人が一六世紀に侵略する以前のアメリカ大陸で文字、暦、算術、天文学を最も発達させました。そのマヤ文明が栄えたユカタン半島を中心とするマヤ地域は、熱帯・亜熱帯地域に属し、乾季と雨季があります。マヤ文明は、主に熱帯雨林で高温多湿なマヤ低地南部、熱帯サバンナやステップの乾燥したマヤ低地北部、および針葉樹林が広がるマヤ高地という多様な自然環境で発達しました。メソポタミア文明やエ

図1　ティカル遺跡「神殿1」(左) と「中央のアクロポリス」(右)
(8世紀、青山和夫撮影)

ジプト文明のような乾燥地域の大河流域の低地とは異なります。またマヤ地域には巨大な統一王国がなく、都市を核とする多様な王国が共存しました。

これまでマヤ低地南部の多くの都市が九世紀頃に干ばつで衰退したという、センセーショナルですが、やや短絡的な仮説がマスメディアに注目されてきました。アメリカの自然科学者たちは、マヤ低地北部の湖底堆積物から九世紀頃に降水量が減少してマヤ文明が衰退したとする説を一九九五年に発表しました。ドイツの研究者らは、マヤ地域から遠く離れた南米ベネズエラ沖のカリアコ海盆の海底堆積物から過去の降水量を復元しました。そして九世紀頃に北半球の熱帯収束帯（赤道付近の低気圧地帯）の分布がユカタン半島に及ばなかったので、マヤ文明が干ばつで衰退したという説を二〇〇三年に唱えました。

マヤ地域は、北半球低緯度の亜熱帯・熱帯地域に属し、熱帯収束帯の移動の北限近くに位置します。熱帯収束帯が分布する地域では、高温多湿な空気が流入すると雨季となります。しかし、マヤ文明の盛衰と地域差の大きい降水量の関連づけには無理があります。マヤ文明という多様な王国のネットワーク型の文明が、単一の原因で一気に衰亡するとは考えられません。実際のところ、マヤ低地南部の諸都市は九世紀に同時に衰退したのではなく、衰退期は八世紀から一〇世紀まで時期差がありました。さらに高温多湿なマヤ低地南部で諸都市が衰退する一方、より乾燥したマヤ低地北部で多くの都市が繁栄しました。この社会変動では、人口過剰、都市化や農耕による環境破壊、王朝間・王朝内の戦争など複数の要因が相互に作用しました。多様なマヤ文明が部分的に衰退した要因は複雑で地域によって異なり、地道な事例研究を積み重ねていくことが重要です。

私たちは、グアテマラを代表するマヤ低地南部のセイバル遺跡を二〇〇五年から発掘しています。干ばつ仮説と考古学データの整合性を検討するために、セイバル遺跡の近くの複数の湖沼で堆積物を採取しました。ペテシュバトゥン湖では、二〇一一年にマヤ地域で初めて年縞（湖底に年に一つ形成される「土の年輪」）を発見しました。二〇一五年の再調査によって、さらに長い年縞を採取できました。年縞の分析は、考古学の遺物の分析と同様に多くの時間がかかります。年縞は人類史に対応する精密な年代軸を提供し、降水量の変動、森林環境の変化、農耕活動による環境破壊などの多様な環境変動を高精度に復元できます。

図２　セイバル遺跡の中央広場の支配層の墓（前４世紀）の発掘調査（青山和夫撮影）

マヤ文明は、マヤ地域全体から見れば九世紀頃に崩壊したわけではありません。その後も諸王国が、マヤ低地北部やマヤ高地を中心に一六世紀まで興隆しました。マヤ地域には巨大な統一王国がなく、多様な王国が共存したのでマヤ文明全体が崩壊することはなかったのです。マヤ文明がもつ多様性の強みといえます。強大な統一王国の場合、頂点が崩れると文明全体が危機に瀕します。生物多様性の保全が大切であるのと同様に、多様性を保つことがマヤ文明の回復力（レジリアンス）を高めました。これは、画一化する日本社会がマヤ文明を学ぶ今日的意義の一つです。マヤは、現在進行形の生きている文化です。現在も八〇〇万人以上のマヤ系先住民がメキシコや中米諸国で計三〇のマヤ諸語を話し、マヤ文化を力強く創造し続けています。

第2講　高精度環境復元の試み

五反田克也

環境復元と地球の自然環境の変化

地球の気候は、不変なものではなく刻々と変化しているものです。近年、東京付近で発生するゲリラ豪雨などの異常気象の発生件数の増加や、台風やハリケーンの大型化、熱帯夜の増加や積雪量の減少など気候の変化を体感することも多くなりました。また、気候の変化による植物や動物の生態の変化、たとえば日本で見られなかった熱帯系の植物の北上などが報告されるようになりました。

二〇世紀初頭からの地球温暖化は、人類の差し迫った問題であり、私たちがもっとも意識しやすい環境の変化でしょう。産業革命以降、人類は豊かで高度に文明化された生活を手に入れた反面、二酸化炭素をはじめとする多くの温室効果ガスを排出してきました。このままの状態で突き進めば、二一〇〇年には気温が四度も上昇するとの報告もあり、対策を世界全体で考えている状態です。

地球の気候は、近年になって急速に変化をしているように考えられるかもしれませんが、過去には大きく変動してきたことが知られています。たとえば、第1講にも示されているとおり、縄文時代にあたる七〇〇〇年前頃は、気温が現在より高かったと考えられています。高い気温を反映し、海水準が上昇したため（縄文海進）、海岸線は現在よりも内陸にありました。これは、関東地方では、この時代の貝塚の分布と海岸線が一致していることからも知られています。

自然環境の変化は、人間社会に大きな影響を及ぼしてきました。人間は、過酷な自然を克服するため、文明を発達させてきました。しかし、文明の発達は、自然環境そのものを破壊、改変することを可能にしました。古代から、文明が発達し大きな都市が建設されると、周辺の森林が伐採され破壊されていったことが自然科学的な研究から明らかになっています。人間による自然の破壊は、時として人間社会に災いをもたらすことにもなり、洪水などの被害が増えるようになりました。

人間は生活をしていく中で、自然災害の影響を受けることもあります。東日本大震災のような一〇〇〇年に一度といった巨大地震のようなものから、毎年のように日本を襲う台風のようなものまでさまざまな自然災害があります。これらの災害が、どのくらいの頻度で発生し、どの程度の被害をもたらしたのかを知ることは、今後発生すると考えられる災害から被害を減らすことにつながり重要です。

現在を知ることは、過去を理解する指標となり、過去を知ることは未来を予測する指標となります。そして、未来の変化をより詳細に、高精度に予測するためには、より詳細に高精度で過去を知る必要があります。変化の著しい現代社会では、過去に起こった環境の変化を高精度に復元することが求められているのです。

古環境を復元する方法

過去の環境の変化を復元するためには、環境の変化を記録した「もの」を見つけてくることから始めます。温度計のある時代の気温の変化を知りたければ、温度計の記録を探せばよいですし、文字記録のある地域や時代の自然災害の状況であれば、古文書を探してくればよいでしょう。古文書であれば、正確な時代がわかる可能性も高いですから、詳細な環境変化が復元できる可能性があります。しかし、文字のない時代の環境変化を復元するためには、別の「もの」が必要になります。気候の変化や自然災害を記録したレコードはどこにあるのでしょうか。

湖や海の底には、さまざまな物質が沈んでいます。多様な起源をもつ粒子状の物質は、湖底や海底に堆積し長い年月をかけて厚くなっていきます。河川によって陸上から運ばれてきたもの、火山の噴火により火山灰が運ばれてきたもの、水中で生活していた生物の遺骸など堆積した時代の環境を反映した物質で形成された堆積物は、過去の環境を記録しています。火山灰のように自然災害を直接記録したもののほかに、花粉や珪藻の化石などは、過去の気温や降水量の変化を反映しているので間接的にこれらを記録していることになります。

特に、湖底の堆積物は古環境の復元に適しています。湖沼は、流入や流出する河川で外部とつながる閉鎖性の強い水域であるため、局所的な環境復元を行うには理想の環境です。また、流入する河川が運んできた堆積物は、流域の環境を反映しているため、陸域の環境を復元するのに最適です。そして、海と異なり湖沼では堆積速度が速いため、短い時間に厚い堆積物が生成されます。このことは、古環境を復元するときに、より詳細な時間スケールでの復元を可能とするのです（図1）。

湖底や海底から堆積物を採取するためには、ボーリング調査と呼ばれる方法を用います。ボーリング調査で用いる機械には、手動で操作できる簡単軽量な機械から油圧を用いた大型の機械、さらには、地球深部掘削船「ちきゅう」のような超大型のものまでさまざまな種類があります。また、採取する堆積物の性質の違いに応じて複数の採取方法を使い分けることもあります。

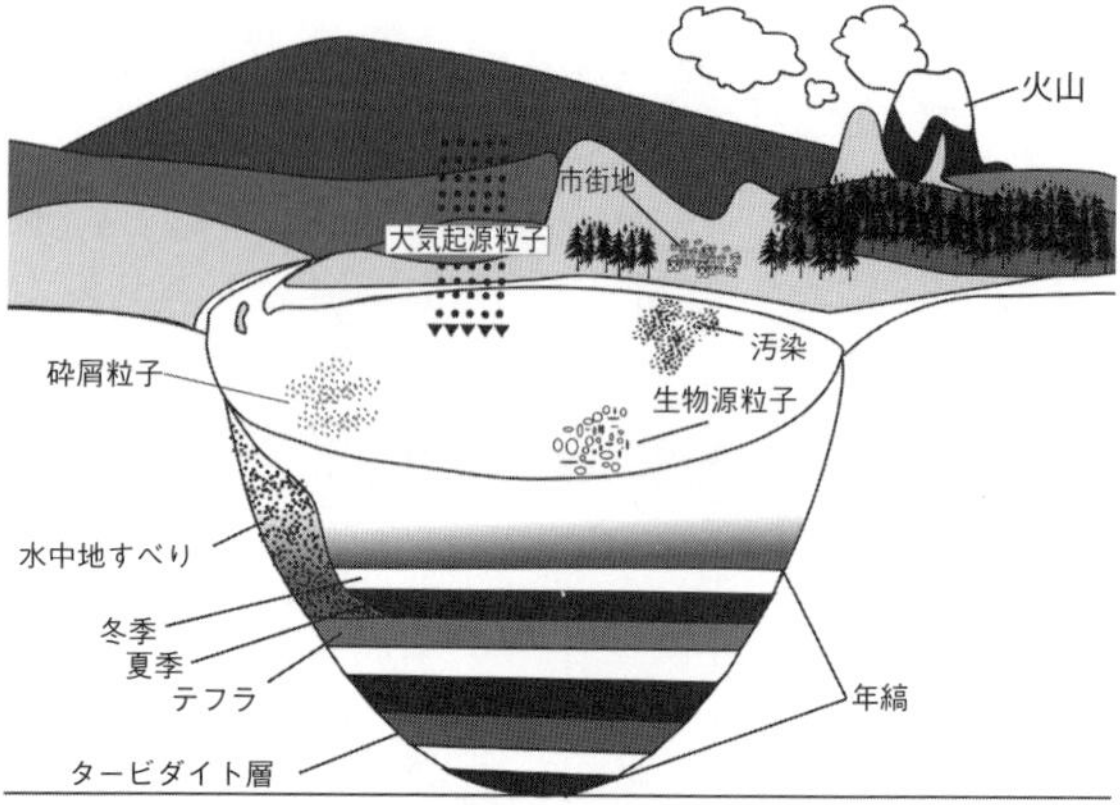

図１　湖沼堆積物（年縞）の形成概念図

ボーリング調査の基本的な原理は、地中に円筒形の金属製のパイプを押し込み、パイプ内に入っている堆積物を回収することです。パイプの押し込み方法や堆積物を回収する方法、パイプの長さなどにいろいろな種類があり、目的や予算、作業期間、堆積物の性質に応じて最良の方法を用います。私が多く用いたシンウォールサンプラーでのボーリング調査では、長さ八〇センチメートル口径八〇ミリメートルのパイプを用いました。一回の掘削では八〇センチメートルしか進まないため、長い時間を必要としますが、乱れのない堆積物を回収することが可能です。

湖底の堆積物を採取するためには、ボーリングの機械だけではなく、これらを設置するため

図２　2006年、一の目潟でのボーリング調査風景

の台船とよばれる船が必要になります。人力で行うボーリング調査であれば、台船はゴムボートやカヌーを使って作る簡単なもので十分ですが、機械ボーリングを行うためには、専用の台船が必要になります。台船をボーリングする予定の位置に固定し、作業を行うには熟練した技術が求められます。水位の変動や風、波などの自然状況の中で湖底からの深度を正確に測りながら掘削することは容易ではありません(図２)。

ボーリング調査によって得られた堆積物は、ボーリングコア（単にコアとも）と呼ばれます。ボーリングコアは、採取されたパイプからの押し出しや、パイプを切断することで取り出されます。ボーリングコアは半分に分割され保管されます。断面の観察や写真撮影を行い、さまざまな分析に使われるサンプルを採取します。

　ボーリング調査により堆積物を採取することで、層相の観察や各種の分析から多くの情報を手に入れることが可能になります。最初に行うもっとも重要な分析は、堆積物の年代を決めることです。年代の決まっていない堆積物は、目盛りのない定規と同じです。地質学的に新しい時代の堆積物の年代を決めるには、放射性炭素年代測定が用いられます。

　炭素には、中性子数の異なる同位体が存在しており、このうち中性子が八個（通常は六個）からなる炭素14は、放射性同位体であるため時間とともに崩壊していきます。この炭素14の半減期を利用して堆積物などの年代を測るのです。自然界では、炭素12、13、14の各同位体の存在比率は一定であるため、生きている生物の体内に存在する炭素同位体の比率も大気中のものと同じになります。しかし、生物が死んでしまうと大気中の炭素との交換が停止するため、体内の炭素14は放射壊変により減少して比率が変化するのです。堆積物や考古学的な遺物などから採取された炭素を含む物質中の炭素14の比率を求めることで、時計を巻き戻すことができるのです。

　近年、放射性炭素年代測定は、加速器を用いた加速器質量分析法によるものが主流となっています。この方法では、これまでにない少量のサンプル、たとえば爪の先ほどの葉っぱの破片についても短時間で測定が可能であり、使用できるサンプルの数を増やすことが可能になりました。また、加速器の小型化が進んでおり、測定を行う民間企業も設立されています。

堆積物の年代を決める方法には、火山灰を用いることもあります。特に、多数の地点での古環境復元の結果を比較する場合には、同一の時間面を知ることのできる火山灰の情報は貴重になります。火山灰は、噴出源の火山により性質が異なり、同じ火山でも噴出した時代により性質が異なるため、堆積物中の火山灰を同定することで、時代を特定することが可能になります。日本は、火山が多いため、多数の広域テフラと呼ばれる火山灰が同定されています。有名なものでは、鹿児島の南で噴火した二つの火山を起源とする火山灰、約三万年前に噴火した始良《あいら》カルデラを起源とする始良丹沢火山灰（ＡＴ）や約七〇〇〇年前に噴火した喜界《きかい》カルデラを起源とする喜界アカホヤ火山灰（Ｋ－Ａｈ）があります。これらの火山灰は、九州の南部から遠く北海道にまで到達しており、広く日本で観察をすることができます。

湖底の堆積物中には、過去の環境に関する多くの情報が保存されています。貝殻や木の葉などの化石は代表的なもので、当時の環境を直接的に知ることのできる情報源です。こ

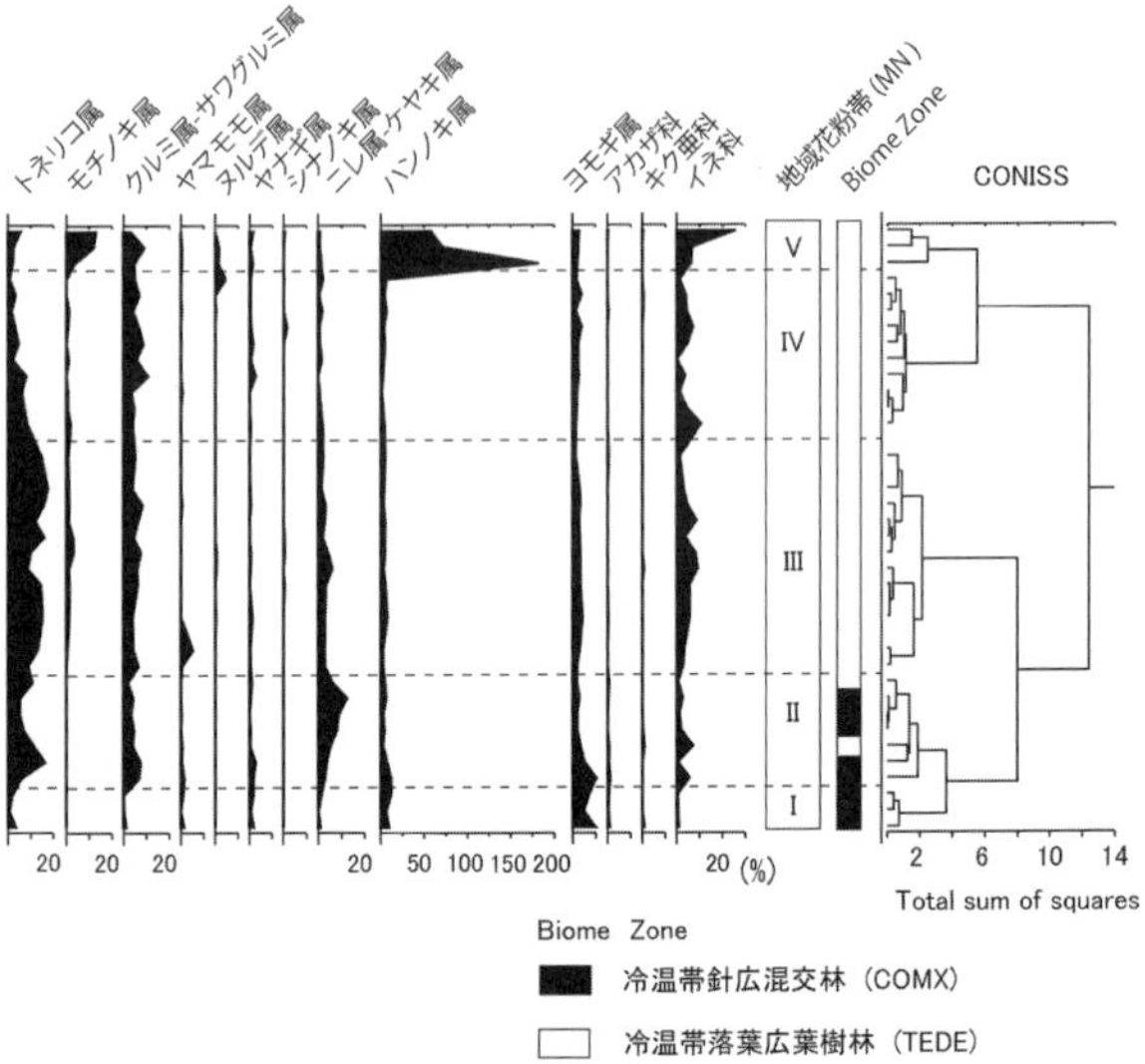

分析結果。五反田（2011）を改変。
論集刊行会編『政策情報学の視座』分担執筆、日経事業出版センター、

れらの目で見える大型の化石以外にも、堆積物からは多くの情報を得ることが可能です。

湖沼の周辺の植物から飛来する花粉は、物理的にも化学的にも非常に安定した構造を持っているため、長く堆積物中に保存され、化石となります。花粉は、植物によって形態が異なるため、花粉の化石を調べることで、どのような植物が分布していたかを知ることができます。顕微鏡で観察するほど小さな花粉の化石ですが、堆積物中の量が多い

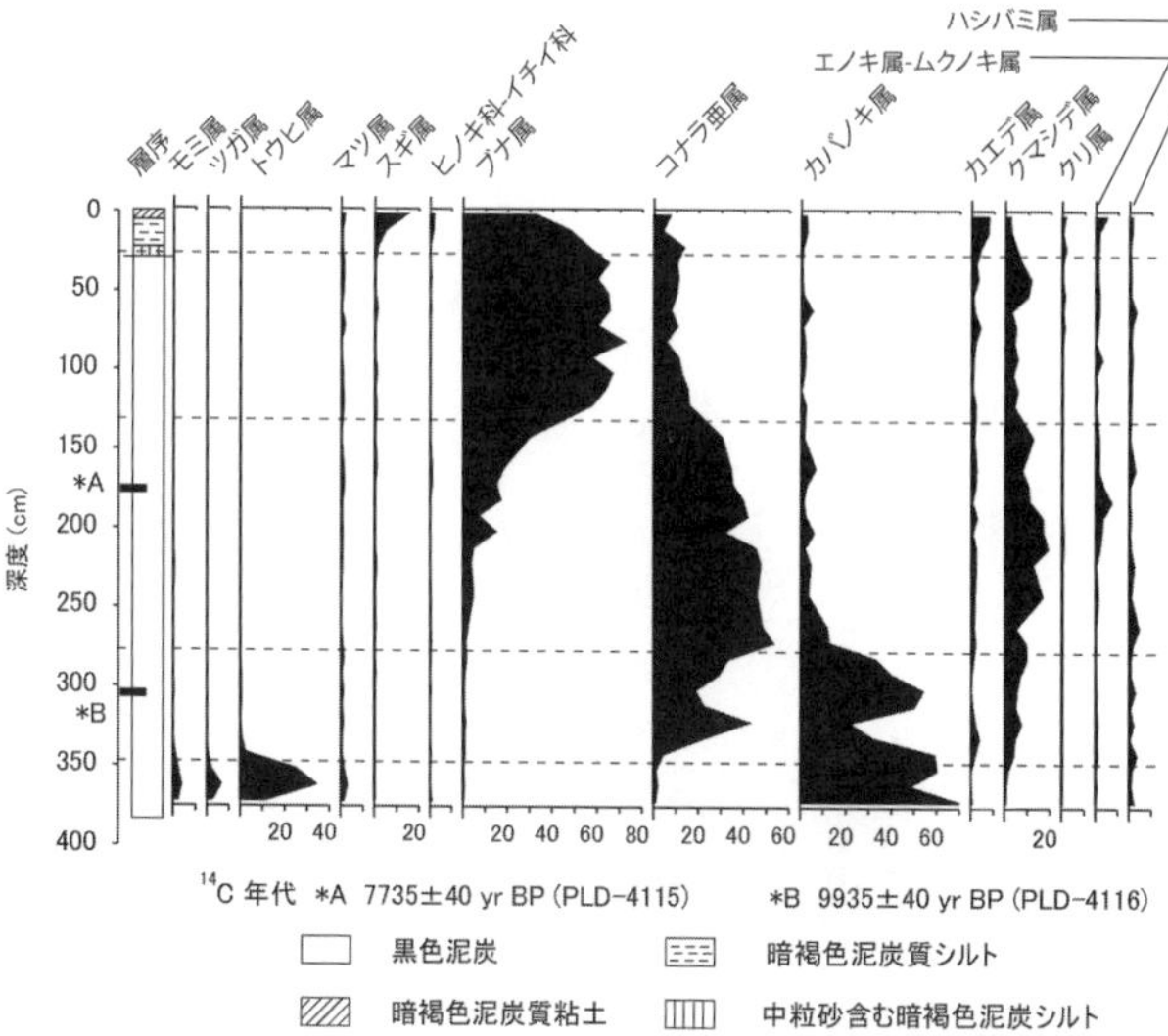

図３　秋田県白神山地水無沼で得られた堆積物の過去一万二千年間の花粉
〔出典　五反田克也（2011）、千葉商科大学政策情報学部10周年記念
p. 469〕

ため統計的に解析をすることに適しており、花粉化石の組成を調べることで、過去の植生を復元することができます（図3）。

花粉分析学的な研究は、近年の情報処理技術の発達により、急速に進歩しています。これまでは、出現した花粉の相対的な変化から、植生や気候を復元していましたが、コンピュータの普及、高性能化により多数の変量をあつかう複雑な計算が可能になりました。このことは、多くの地点で行われた花粉分析による環境復元の結果を同じ尺度で比較する研究を発達させました。植生復元の分野では、バイオマイゼーション法が開発され花粉組成の定量的な解釈が行われ時空間的な植生変遷が明らかにされています。

花粉化石から復元される植生は、当時の気温や降水量を反映しているため、花粉化石の組成は、気候を復元することにも用いることが可能です。ベストモダンアナログ法と呼ばれる最新の復元方法では、現在地表面に堆積している花粉の組成と現在の気候との関係を基準にして化石花粉の組成から気温や降水量を復元するため、相対的な気候の変化ではなく絶対値としての気温や降水量を明らかにすることができます。

高精度分解能の環境復元への道

堆積物を用いた古環境復元研究は、過去の気候変化を明らかにしてきました。約二万年前には、地球の気温が低下しており海水準が低下していたことや、約一万五〇〇〇年前から気温が上昇したことなどを解明しました。しかし、多くの情報を得られると同時に、これまでの研究方法では不十分な点もわかってきました。

地球温暖化問題がクローズアップされてから、近年の気候変化に関する研究が進み、地球の気候変動はより早く短い時間スケールで起こることがわかったのです。このことは、未来の気候変化を予測するためには、より詳細な時間分解での環境復元が求められることを意味しています。また、人間の寿命は長くても八〇年程度であり、地球で起こるさまざまな自然の変化のスピードと比べ短いものです。一人の人間が生きている間に発生する自然災害の周期や規模を知るためにも、環境復元は細かい時間で行うことが重要です。これまでの一〇〇年や一〇〇〇年単位での環境復元から、一〇年や一年単位での環境復元が必要になったのです。

しかし、従来の堆積物を用いた研究では、真の年代を正確に求めることは不可能でした。これは、年代測定法の主流である放射性炭素年代測定法には数十年程度の誤差がどうしても生じてしまう限界があるためです。たとえば、三〇年の誤差が含まれる自然災害の年代測定結果がある場合には、その自然災害が発生したと考えられる期間が「人」の一生よりも長くなってしまい、未来を予測するための情報としては不十分なものになってしまうのです。

詳細な時間分解での環境復元に必要なものは、正確な時間軸を持つレコードであり、代表的なものに樹木の年輪があります。日本のような四季の変化が明瞭な地域では、樹木は季節により成長速度や光合成活動に差を発生させ、濃淡の縞の組み合わせができます。一年で一組の年輪ができるため、年輪の数を計測することで、樹木の年齢を決定することができるのです。また、樹木は環境によっても生長速度に差がでるため、年輪には過去の環境の変化も記録されることになります。現在生きている最高齢の樹木は、樹齢四七〇〇年をほこるアメリカのブリッスルコーンパインとよばれるマツの一種であり、おおよそ四七〇〇年前までの過去の環境変化を年輪から知ることが可能です。さらに、古い建築物などに使われている樹木や湖などに埋没している樹木を使うことで、年輪で復元できる時代の限界をのばすことが可能であり、約一万年前まで到達することが可能となりました。

一万年前よりも前の時代の環境を詳細な年代軸をもとに復元するには、年輪以外のレコードを探してこなくてはなりません。この、より古い時代の古環境記録は寒い地域で見つかりました。大西洋北部に浮かぶ世界で最大の島であるグリーンランドに存在する氷河(氷床)には、縞模様があることが判明したのです。氷床は、降り積もった雪が固まって作られます。雪は、一年のうちで降る季節と降らない季節が存在するため、雪の降らない季節には大気中の塵などが雪の上にたまります。このようにして一年の縞が形成されるのですが、降り積もった雪には多くの環境に関する情報が記録されることになります。雪そのものは、原料である大気中の水の影響を受けていますし、雪の間に取り込まれた空気は、当時の大気の環境を反映しています。

グリーンランドの氷床は、一〇万年を超える時代にまで正確な時間軸をもっているレコードであることがわかり、水や空気の情報を元に気候変動が復元され、地質学者が考えていたよりも地球の気候は急激に大きく変動することが明らかになりました。日本でも、南極の「ドームふじ」にて氷床コアの掘削が行われ、三〇〇〇メートルもの氷床コアを採取し、その年代は約七二万年前にさかのぼることがあきらかになっています。

氷床コアの分析は、古気候に関する新しい、多くの情報を提供してきました。たとえば、気候は数十年の短い時間でも大きく変化し、現在よりも暖かい時代や寒い時代が繰り返されてきた歴史などです。この貴重な情報を元に、研究者は地球の気候変化のメカニズムを解明しようとし、未来を予測するモデルを考えてきたのです。しかし、グリーンランドや南極は極寒の土地であり、人類が多く住む温帯や熱帯の気候変動を正確にとらえているのか、地球の気候は世界全体で一様に変化するのか疑問が残っていました。これを解明するためには、温帯などでの同レベルの詳細な年代軸をもつ気候復元が必要になります。しかし、温帯には、氷床はなく、また年輪では時間が短いという問題がありました。この問題を解決するレコードは、湖の下から見つかりました。

湖底堆積物の中には、きれいな縞模様をもったものが存在しています。研究の結果、非常に細かい縞模様は、まるで木の年輪のように一年ごとに作られていることがわかりました。堆積物の上部から縞の数を数えていくと自分の生まれた年に形成された縞の場所がわかるのです。国際日本文化研究センターの安田喜憲名誉教授は、この縞々の堆積物を日本語で「年縞《ねんこう》」と名づけました。では、なぜこのような縞模様が堆積物の中に作られるのでしょうか。

湖の底には、さまざまな物質が堆積しています。これらの物質は、季節により変化していることが知られています。その原因は、季節による周辺環境の変化にあります。たとえば、冬に湖の表面が結氷するような環境では、冬季に外部からの飛来物が湖底に堆積しません。日本のように四季の変化が明瞭であれば、周辺の植生が変化するでしょうし、湖での生物活動も大きく変わるでしょう。一年のうちで、堆積物の組成が変わることで、堆積物中に縞が見えるわけです。たとえば、夏に黒い粒子、冬に白い粒子が堆積すれば白黒の明暗をもつ年縞ができるでしょう。このような環境のわずかな変化を堆積物は本来記録しているわけです。しかし、どこの湖でも堆積物中に縞が見えるわけではありません。なぜでしょうか。それは湖底の環境に原因があります。形成されていたきれいな縞模様が、湖に生息する生物によって壊されてしまうからです。湖底付近には多くの種類の生物が住んでおり、これらは湖底の堆積物をかき混ぜながら移動したり、捕食活動を行ったりしています。その結果、せっかくの縞模様は壊され、縞の見られないのっぺりとした堆積物となってしまうのです。

年縞堆積物が破壊されることなく保存されるためには、湖底に生物が生存していないことが重要になります。湖底が生物の生息に適さない環境とはすなわち、酸素のない環境です。湖底が常時無酸素であるためには、いくつかの条件が必要となります。湖では通常、湖面を吹く風により湖水は循環しています。この循環は、垂直方向にもおよび、表面付近の酸素を多く含んだ新鮮な水を水深の深いところまで届けます。水深の浅い湖沼であれば、生物が酸素をたくさん消費しても、湖水の循環により酸素が供給されるため無酸素の環境になることはありません。しかし、湖底付近まで湖水の循環が届かない条件を持つ湖沼では、無酸素の環境が成立します。湖水循環が湖底までおよばない条件としては、湖の表面積に対して水深が深いことや、汽水湖のように塩分の異なる水が存在することです。

湖の表面積に対して水深が深い湖沼では、湖水表面の循環が弱く湖底付近にまで酸素が供給されず湖底が無酸素環境となります。海水と淡水の混じった汽水湖では、塩分の違いから湖水は淡水が上、海水が下といった層状に分離し、混合するためには時間がかかります。このような環境では、表面が風により強く攪拌されても、表面の淡水のみがかき回されるのみであり、下部の海水にまで酸素が供給されることはありません。

このような湖底環境が、安定して長い年月続くことで年縞堆積物は形成、保存されるのです。湖ができた時代には、水深が深く年縞が形成されていても、埋積が進んで水深が浅くなり途中から年縞堆積物ではなくなる湖もありますし、大きな流入河川の洪水により、年縞が破壊されてしまうこともあります。年縞が現在から数万年にわたって連続的に保存されていることは、過去の環境変動を知るうえで大きな利点となるのです。

年縞堆積物の価値は、過去の環境変動を一年単位で記録していることにあります。堆積物を詳細にさまざまな角度から分析することで、過去の環境変化を高精度に復元することができるでしょう。

年縞堆積物が解き明かす地球の環境変動

年縞堆積物を一躍有名にしたのは、日本の福井県にある水月湖で発見された年縞でしょう。福井県の若狭湾沿岸には三方五湖（三方湖、水月湖、菅湖、日向湖、久々子湖）が存在し、水月湖はその中で一番大きく水深は最大で三八メートルほどです。水月湖に年縞が形成された要因は、その特殊な環境にあります。湖水は、上部が酸素を多く含む淡水であるのに対し、下部が貧酸素の汽水であるため湖水が成層し鉛直方向の湖水循環が妨げられるため、湖底付近では生物の生存が困難となり、堆積物がきれいに保存されました。

一九九三年に国際日本文化研究センターの安田喜憲名誉教授が水月湖で掘削を行い、七八メートルの堆積物を採取し、その中に年縞を確認しました。一枚一枚の縞を数え、堆積物の正確な年代軸を決定しました。花粉化石を分析し、ベストモダンアナログ法による気候復元を行った結果は、驚くべき成果を残しました。これまで、グリーンランドなどの氷床の分析をもとに作られていた地球の気候変動に関するシナリオとは異なる知見が得られたのです。

地球の気温は、過去に大きく変動してきたことが明らかになっています。今から二万年前の世界は、現在よりも七度前後も気温が低かったと考えられています。その後、気温は上昇していきますが、寒の戻りとでもいうべき寒冷化現象が約一万二〇〇〇年前にみられます。この寒冷化イベントは、ヤンガードリアスと名づけられ、世界中で同じようなイベ

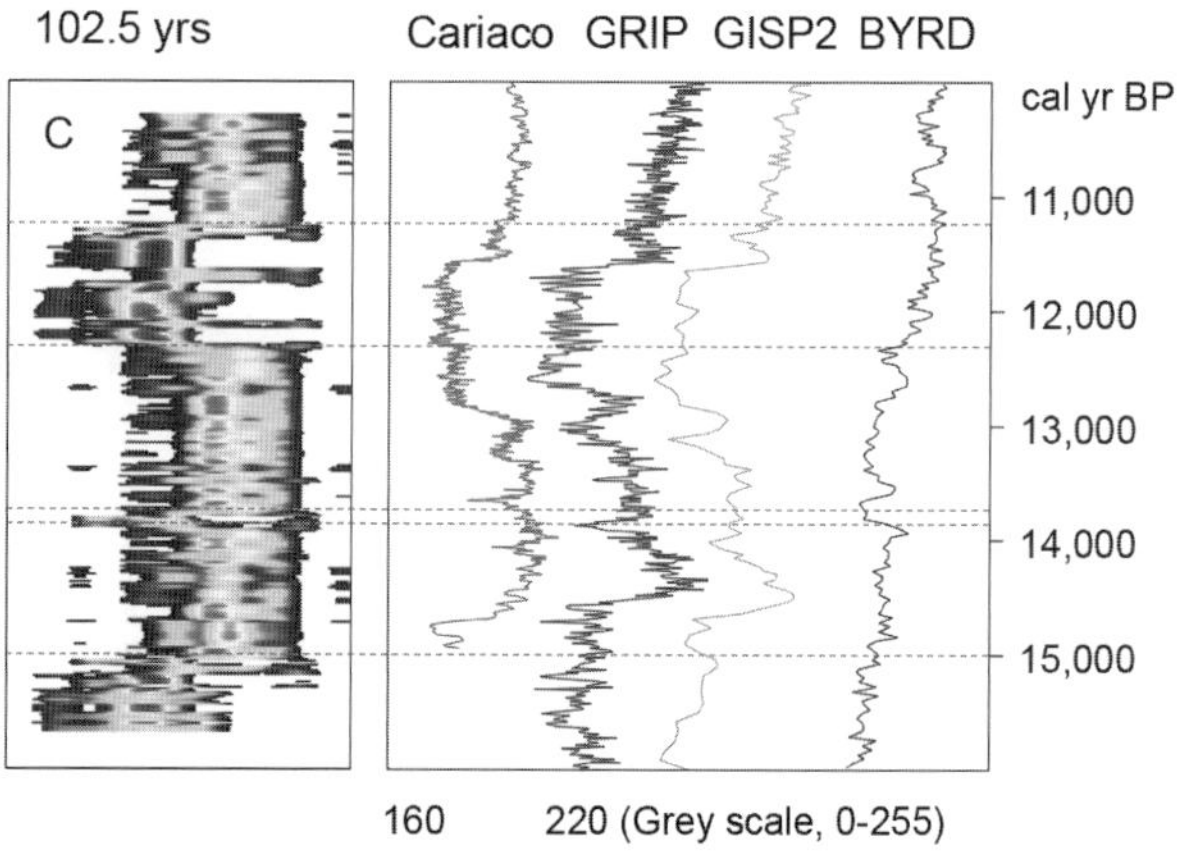

から得られた高分解能気候復元の結果と氷床コア、カリアコ海盆の分
を含めた復元結果（B、C）、カリアコ海盆、GRIP、GISP、BYRDの

Changes in the North Atlantic and Japan During the Last Termina-

ントの証拠が残っていないか研究が進みました。寒冷化イベントは約一万一〇〇〇年前に終わり、気温は急激に上昇し現在のような暖かい世界になったと考えられています。水月湖での気候復元の結果は、この気候変動のシナリオに一石を投じたのです（図4）。

　年縞が明らかにした気候変動は、ヤンガードリアスの発生した時期と寒冷化の程度がグリーンランドの氷床コアから明らかにされた

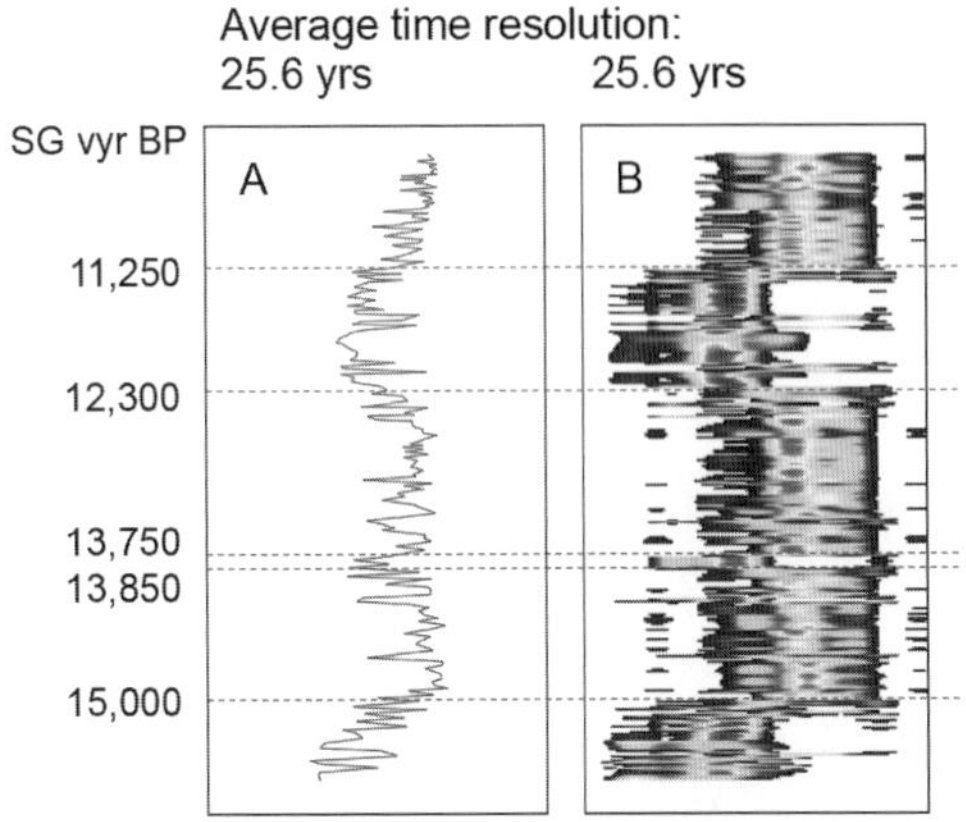

図４　福井県水月湖で1993年に得られたボーリングコアの花粉分析
析結果との比較、左から水月湖の復元された気温（A）、誤差
氷床コアの分析結果。中川ほか（2003）を改変。
〔出典　Nakagawa T. et al.（2003）Asynchronous Climate
tion. *Science*, 299, pp.688-691〕

ものとは異なることを示したのです。それはすなわち、地球の気候は一様に変化するのではなく、地域によって異なることを示し、氷床コアの解析結果からだけでは地球の気候変動のメカニズムを理解するのに十分な情報を得られないことを明らかにしたのです。しかしながら、この水月湖の年縞が明らかにした気候復元には一つ大きな弱点が存在していました。それは、もっとも根幹的な部分、年代を決定する年縞にあったのです。

一九九三年に得られた堆積物は、一つの掘削孔からのものでした。ボーリング調査では、一回の掘削で七三メートルの堆積物を得られるのではなく、長さ八〇センチメートルほどの堆積物を繰り返し、深度を変えて掘削をしていきました。このため、一回目の掘削と二回目の掘削、二回目と三回目の掘削のようにそれぞれの掘削間には、堆積物の欠落が生じてしまうのです。この欠落が仮に一センチメートルだとしても、それが与える影響は非常に大きなものになります。なぜなら、わずか一センチメートルの堆積物には、一〇枚以上の年縞が含まれているため、気候復元の結果には一〇年以上の欠落が生じてしまいます。また、欠落している部分に何枚の年縞があるかは未知の情報であり、各掘削間における欠落の長さもわからないため、連続性という部分で大きな弱点を抱えていたのです。

二〇〇六年に、この弱点を克服するためのボーリング調査が立命館大学の中川毅教授により行われました。各掘削間の欠落が問題であるので、欠落を完全に排除するために、四つの掘削孔からボーリング調査を行ったのです。一つ目の掘削孔から得られた堆積物の情報から、欠落した深度を計算し、二つ目の掘削孔では欠落した深度を補うように深度を変えて掘削を進めたのです。理論的には、二つの掘削孔で終わるのですが、湖水位の変化などにより欠落した深度を狙って掘削を行っても、欠落部分が完璧に回収できない場合もあるため、結果として四つの掘削孔が必要となりました。

水月湖の年縞は、白と黒の明暗で構成されています。電子顕微鏡での観察から、白い縞模様を作っているのは珪藻の遺骸、黒い縞模様を作っているのは鉱物質の粒子であることがわかりました。これは、春先の雪解け水が流入する時期に表面の湖水の温度が上昇し一斉に珪藻が繁茂し、死ぬことで遺骸が堆積し白い部分が形成され、それ以外の時期には大気中の塵や河川が運んできた細かい粒子が黒い縞を作っていることが判明しました。

年縞の計測は、複数の方法を組み合わせて行います。もっとも単純な方法は、堆積物を樹脂で固め、薄くスライスしたものを顕微鏡で観察することです。一〇〇〇年分であれば一〇〇〇枚、一万年分であれば一万枚の縞を、顕微鏡を使って数えていくのです。顕微鏡での観察と同時に、蛍光X線スキャナを用いて元素分析を超高分解能で行い、縞の数を計測します。それぞれの結果をもちより、深度と縞の数を確認しながらすすめていき、合計で五万枚以上の縞を数えることに成功しました。

水月湖の年縞には、多くの広葉樹の葉が含まれています。年縞の間に挟まるように保存されている葉を慎重に取り出し、放射性炭素年代測定を行うことで、年代軸を決める大きな成果を得ることができました。放射性炭素年代測定は、先にも述べたように大気中の炭素の同位体の存在比をもとに計算を行います。大気中の炭素14の濃度が常に一定であると仮定して計算を行っていましたが、炭素14の濃度は時間とともに変化することが明らかにされると、年代測定の結果に補正（較正と呼ぶ）をかける必要がでてきたのです。そのためには、各年代の炭素14の濃度を調べることが求められます。年代がはっきりとわかっている炭素を含むサンプルとしては樹木の年輪がありますが、樹木の年輪がカバーしきれない古い時代については、水月湖の年縞中の葉から得られた分析結果が重要な役割をもつことになったのです。正確な年代軸をもとに作成された較正曲線は、世界中で行われる放射性炭素年代測定の結果に正確な年代を提供し、新しい知見を与えてくれるのです。

この較正曲線を決定する二〇一三年の放射性炭素に関する国際会議の場において、水月湖の年縞から得られた分析結果が採用されることになりました。日本の湖の底にある宝物が世界に認められた瞬間でした。水月湖の年縞は世界の時間軸を決める基準となったのです。水月湖では、二〇一二年、二〇一四年にも掘削が行われ、さまざまな視点から過去の環境変動を解明する試みが続けられています。

二〇〇六年は、日本の年縞研究において画期となる年になりました。夏に水月湖で掘削が行われ、そこで培われた技術をもとに、秋には秋田県男鹿半島の一の目潟《いちのめがた》にて年縞堆積物のボーリング調査が行われたのです。秋田県の男鹿半島は、日本海に突き出した形状をしていて、伝統的な民俗行事である「なまはげ」で有名な場所です。男鹿半島は、複数の火山からできており、なかでも一の目潟、二の目潟、三の目潟の三つの湖は、日本では珍しいマール（爆裂火口）として知られています。また、一の目潟は「カンラン岩」と呼ばれる岩石がとれることでも地質学的に有名です。

一の目潟は、水深四五メートルにたいし湖の直径が七〇〇メートルほどしかない火口湖であるため、湖底が貧酸素環境になり年縞が保存される環境となっています。また、一の目潟は流入する河川も流出する河川もなく、海とも繋がっていないため、外部の影響を受けにくい環境にあります。事前に行われた音波探査による結果から、湖底は平坦で斜面が急な鍋底状の形をしていることがわかりました。

二〇〇六年のボーリング調査では、三つの掘削孔から深度三七メートルまでの堆積物が採取されました。最下部で確認された火山灰層は、約三万年前のAT火山灰と同定されたため、三万年前までの年縞を採取することに成功しました。しかし、約二万年前に噴火した三の目潟の噴出物が深度二〇メートル付近に存在するため、上部からの連続性は約二万

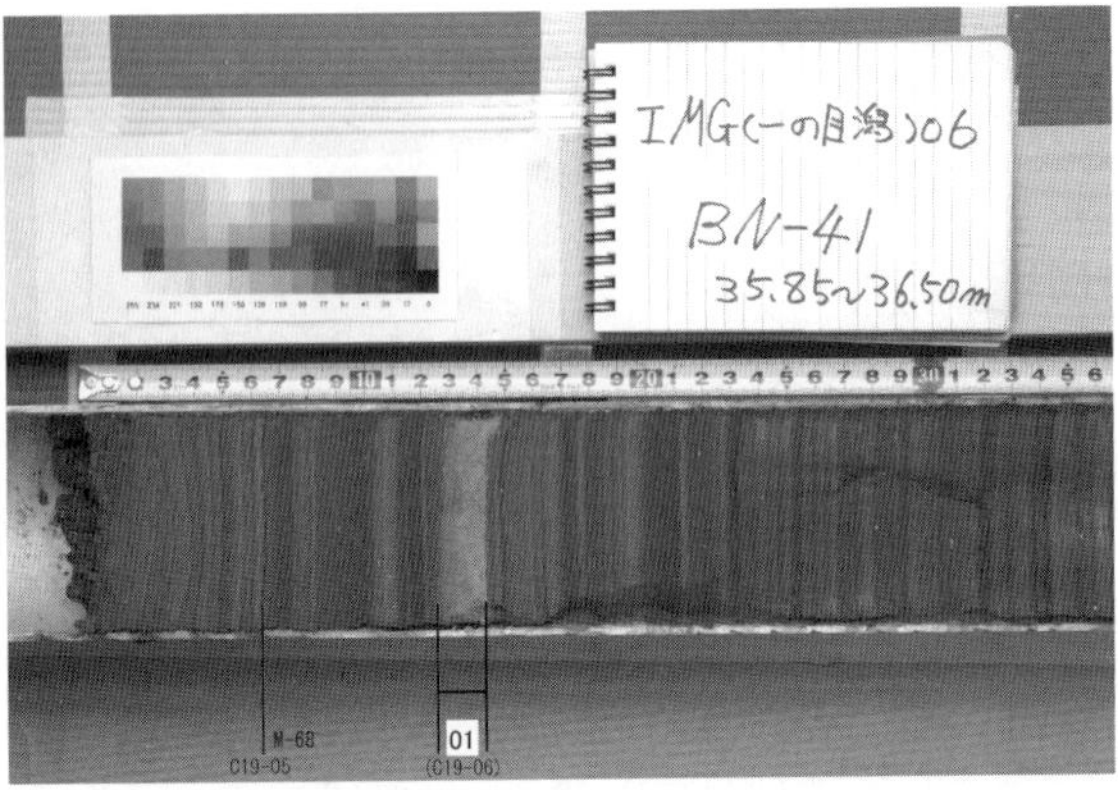

図5　一の目潟の年縞堆積物、写真中の01と書かれている部分は AT 火山灰層。

年前までと推定されています（図5）。

一の目潟の年縞の大きな特徴は、現在も縞が形成されていることが確認されていることです。通常のボーリング調査では、柔らかい最上部の堆積物を乱れなく採取することはその仕組み上困難です。一の目潟では、フィンランドで開発された湖底表面から六〇センチメートルまでと短いながらも乱れなく堆積物を採取できる特殊な機器を用いて湖底表層の年縞を採取し、堆積物を冷凍保存し分析を行いました。二〇〇六年、二〇一一年、二〇一二年と三回にわたり採取を行った結果、縞は年数分増えていることが確認されたのです。

一の目潟の表層付近の年縞には、厚い縞のない堆積物が存在しています。これは、地震などの一過性のイベントによって周囲から一気に堆積物が供給され形成されたものです。一の目潟には、流入する河川がないため、この堆積物をもたらしたイベントは地震であり、地震の揺れによって周囲の崖から堆積物が供給されたと考えられます。表層から一〇〇年分の縞を数えてこのイベントの年代を求めた結果から、過去一〇〇年間に男鹿半島周辺で起こった地震の年代と一致していることが判明しています。津波によって多くの方が亡くなった一九八三年の日本海中部地震の痕跡もはっきりと確認されています。

日本には、水月湖や一の目潟以外にも年縞の確認されている湖が複数あります。青森県の小川原湖や島根県の東郷池などです。日本は、中緯度に位置し気候的には温帯にあるため、植生が豊かで古環境を復元するには最適な条件を備えています。各地に存在する年縞堆積物を詳細に分析することで、高精度な古環境変動の復元が可能になるでしょう。そこから得られた知見は、われわれ人類の未来を予測するための貴重な情報源として活かされるのです。

人類の進化と地球環境

佐藤　暢

世界史の教科書ではわずかに数ページ分の記述しかありませんが、人類と自然環境の関係という点では、現在の私たち（現生人類。新人ともいう。学名はホモ＝サピエンス）以外の人類がどのように進化してきたのか、ということも大変重要です。

人類の系統は約七〇〇万年前に現在のチンパンジーとボノボに続く系統から分岐したと考えられています（図1）。その後、猿人↓原人↓旧人↓新人と進化していきますが、この進化は直線的に進んできたわけではなく、化石記録に基づくと、ある時代には複数種の人類が存在していたことがわかっています。すなわち、最終的には絶滅してしまい、その子孫が現在の地球上に存在してない人類も過去には存在

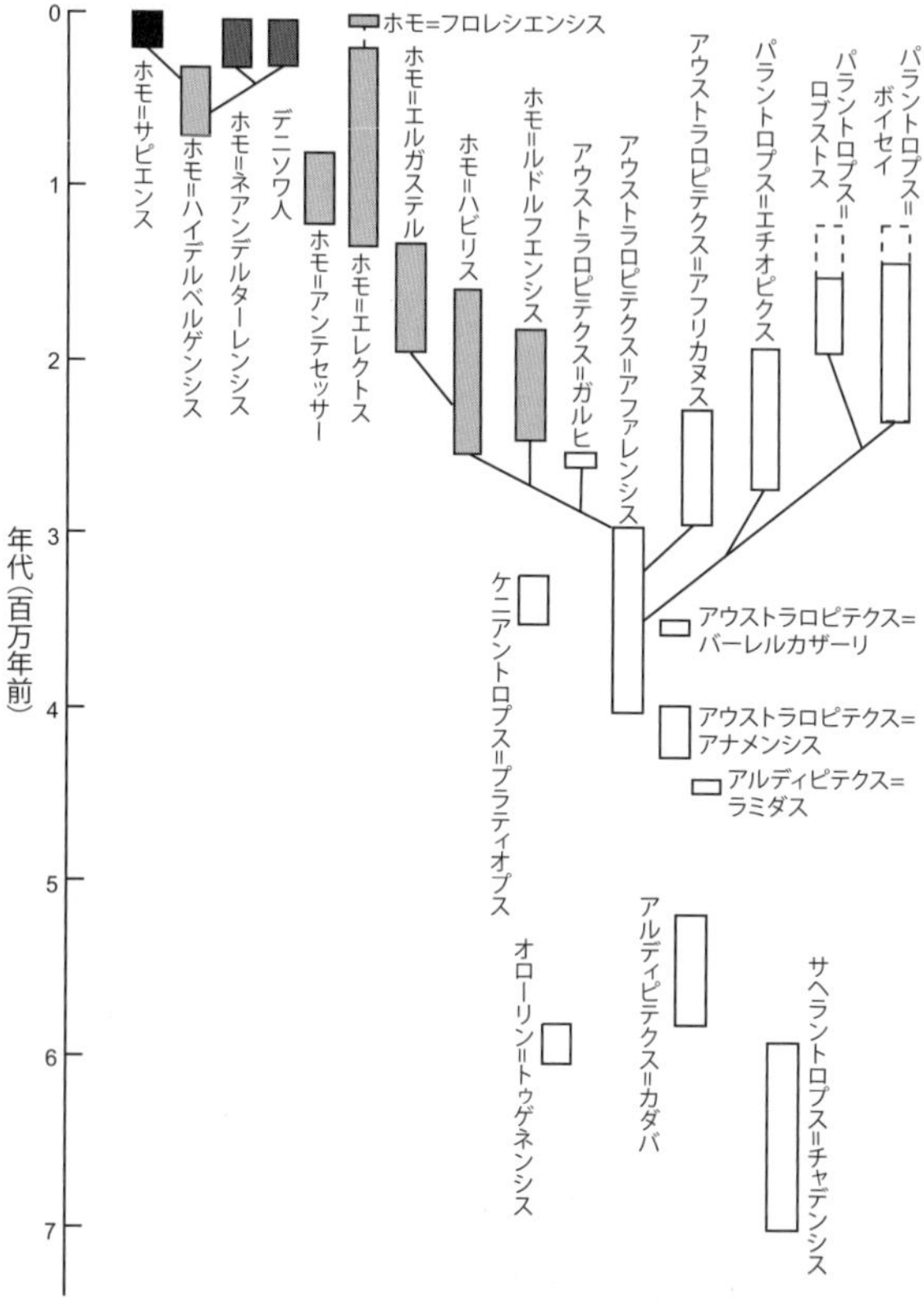

図1　現在までの結果を統合した人類進化の系統樹。佐藤（2013）をもとに新しい結果を加えた。白がいわゆる猿人、薄灰色が原人、濃い灰色が旧人、黒が新人を示す。

していたのです。さらに、この進化はアフリカで生じたことも、最近ではほぼ共通理解となっています。かつては、多地域進化説といって、約一八〇万年前にアフリカを出た原人が東アジアや東南アジアで進化して、その地で新人にまで進化したという説が想定されていました。しかしながら、近年のＤＮＡに基づく分子進化やアフリカで発見された化石などに基づくと、アフリカ単一起源説の妥当性が高くなっています。

現在、ホモ＝サピエンスは地球上の大部分の地域に進出していますので、アフリカ単一起源説に基づけば、どこかの段階で人類がアフリカを出て、世界中に進出していったはずです。これを出アフリカとよびますが、これまでに複数回、少なくとも二度生じたと考えられています（図２）。一度目が約一八〇万年前のホモ＝エレクトスの出アフリカです。ジョージア（グルジア）のドマニシ遺跡で一八五万年前の、中国雲南省元謀で一七〇万年前の、インドネシアジャワ島のサンギラン遺跡と中国の泥河湾遺跡群で一六六万年前のホモ＝エレクトスの化石が見つかっています。

二度目がホモ＝サピエンスの出アフリカです。約二〇万年前のアフリカに出現したホモ＝サピエンスは一〇万年前以降、アフリカを出て世界中に広がっていきます。

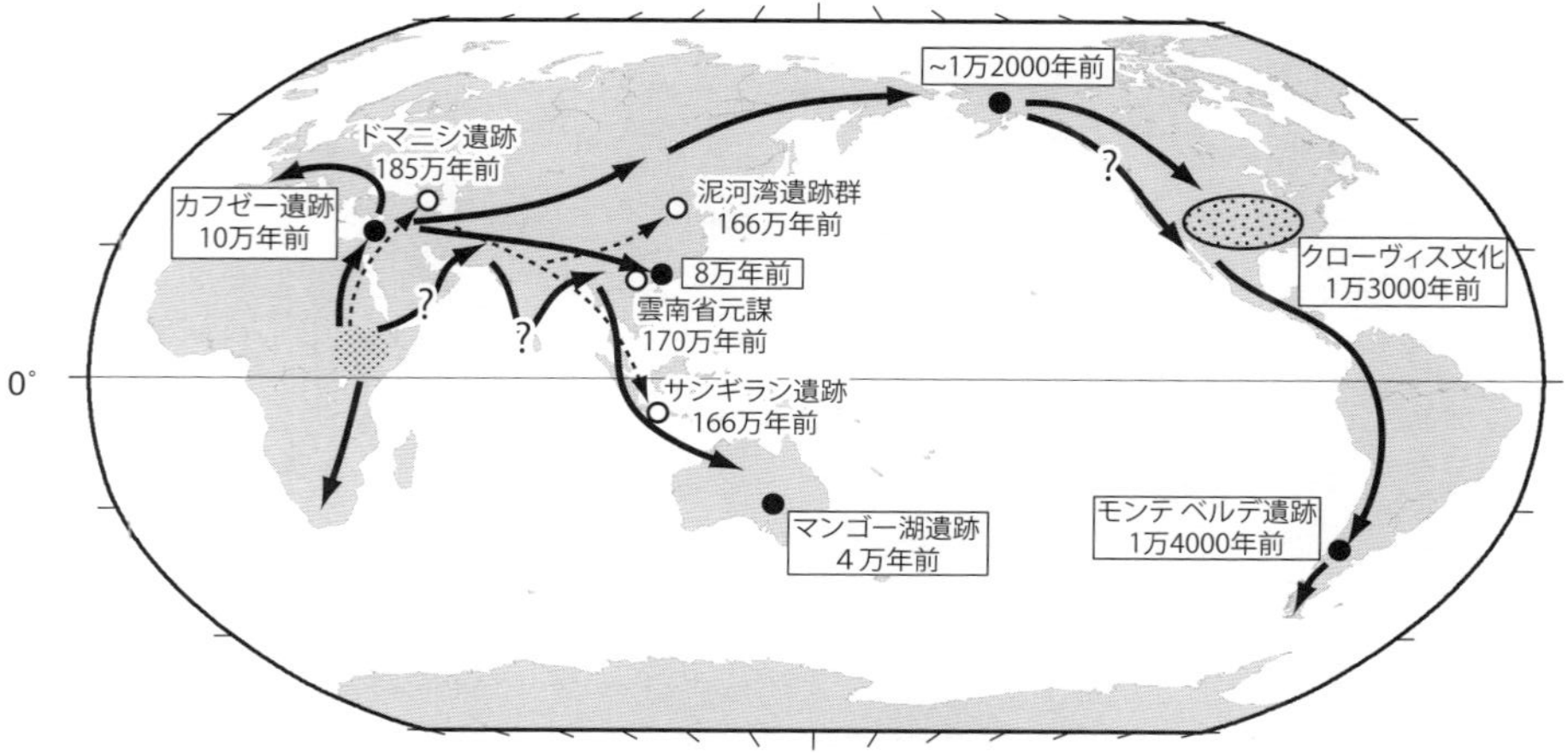

図２　人類の世界中への拡散のおもなルートと遺跡および年代。破線がホモ=エレクトスの出アフリカのルートで、代表的な遺跡とその年代をゴチックで示した。実線がホモ=サピエンスの出アフリカのルートで、代表的な遺跡とその年代を□で囲って示した。いくつかの文献に基づいて佐藤作成。

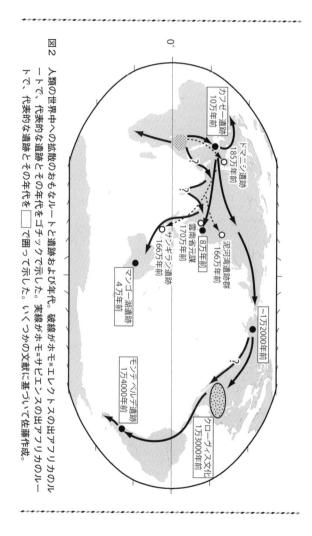

これが二度目の出アフリカです。イスラエルのカフゼー遺跡から約一〇万年前の人骨が見つかっている一方で、オーストラリアのマンゴー湖遺跡から約四万年前の人骨が見つかっているので、これまでは一〇〜六万年前に現在の地中海東部に進出し、それ以降、約四万年前までに非常に速いスピードでオーストラリアまで到達したと考えられてきました。ところが、中国南部湖南省の洞窟の一二万年から八万年前の間の地層から四七本の歯が発見されたとの報告が二〇一五年になされました。この発見が正しければ、ホモ=サピエンスのアジアへの第一波は従来考えられていたよりもかなり早い時期であったことになります。一方、海部（二〇一六）によれば、四万八〇〇〇年から四万五〇〇〇年前頃にユーラシア全体に広がっていったとされており、今後の検討が待たれます。さらにその後、シベリアに到ったグループの中から、最終氷期に陸となっていたベーリング海峡を経由して、南北アメリカ大陸へ進出していったと考えられています（第1講参照）。北アメリカを中心とするクロービス文化が一万三〇〇〇年以降ですので、アメリカ大陸への到着が最終氷期以降であるとの考えとほぼ整合的です。ただ、チリのモンテベルデ遺跡の一万四〇〇〇年前という報告もあり、最終氷期の間に海岸線を経由していった人類も存在したのかもしれません。

さて、出アフリカはどうして起こったのでしょうか。七〇〇万年前に登場した人類は、五〇〇万年経ってようやくアフリカを出ました。二〇万年前に登場したホモ=サピエンスも、一〇万年ほどをアフリカで過ごしたあとで、アフリカを出ています。アフリカ周辺の気候変動の解析した結果によると、これらの時期にアフリカを出た、というよりも、これらの時期にアフリカを出られるようになった、ということが推定されています。

多数の人類化石が発見されていることから、人類はアフリカの中でも、東部の東アフリカ地溝帯の周辺で進化をしてきたと考えられています。この地域の北側にはサハラ砂漠が広がっていて、人類の出アフリカの障害となっていました。サハラ砂漠周辺の気候が変化して、サハラ砂漠が縮小すれば、出アフリカのルートが確保されることになります。カスタニェダほか（Castañeda et al. 二〇〇九）は、アフリカ沿岸の大西洋で得られた海底コアの解析を行い、約一二万年前と約五万年前にサハラ砂漠周辺に樹木などのC3植物が多くなっていることを明らかにし、現在と比べ湿潤であったことを示しました。また東京大学の伊左治らは、アフリカとアラビア半島の間のアデン湾から得られた海底コアの解析を行い、一二～九万年前、七～五万年前にアフリカのソマリア周辺やアラビア半島南部で植生量が増加したことを明らかにしました（Isaji ほか　二〇一五）。これらの結果は、この時期にサハラ砂漠という障害が縮小していたことを示しています。また伊左地らの結果は、出アフリカのルートとして、現在のエジプトから中東・ユーラシア大陸へ抜けるルートではなく、アラビア半島南部を通るルート説を補強するものです。最初のホモ＝エレクトスの出アフリカの時期にも、環境が湿潤になり、森林が広がったことが指摘されています（Lahr　二〇一〇）。いずれの場合も、当時のアフリカの乾燥↓湿潤という環境の変化が、人口を増加させ、それが出アフリカの原因となったという可能性が指摘されています。

ホモ＝サピエンスが世界各地へ進出する途中では、寒冷地であるシベリアやベーリング海峡、アラスカなども経由しています。そこでは、過酷な環境に適応する工夫があったに違いありません。したがって、すべてが環境によって決まった、とは言い切れませんが、環境変動が、人類が世界へ進出する最初のきっかけの一つであった可能性は十分にあるのです。

第3講

人骨から生老病死を探る

長岡朋人

自然人類学とはなにか

自然人類学は私たち自身の身体を生物学的に研究する学問です。自然人類学は、ヒトの系統発生から進化、変異、環境などを、古人骨、霊長類、人工遺物などを研究対象として解明する研究分野ですが、学問の分野としては考古学や古生物学などと隣接する幅広い領域です。ヒトを対象にするゆえに自然人類学と文化人類学の領域は本来あいまいなものですが、残念ながら自然人類学の教育が受けられる大学は日本全国でも数校しかありません。しかし、私たち自身を研究対象にする研究は多くの可能性に満ちています。

ヒトそのものを対象にした生物学の知識は、人類の起源や進化を明らかにするだけではなく、私たちの身体が時代や環境とともにどのように変化するかを雄弁に物語ります。たとえば、身長が時代とともに変化しているのは世代の差として認識できるほどです。博物館で戦国武将の鎧を見たときに、違和感を持つことが少なからずあります。テレビドラマなどでは大柄なイメージを持つ戦国武将が身につけていた鎧が小さく見えますが、鎧が小さくなったわけではなく、私たちが大きくなったのです。日本人の身長は中世から現代にかけて二〇センチメートル大きくなりました。このように時代によって身体のサイズや特徴が変化することを時代変化と呼びますが、この研究も自然人類学です。

自然人類学は私たちの姿かたちが時代とともにどのように変化をしているか明らかにしてくれます。その知識自体も大変興味深いものですが、その知識はさらに眼鏡やヘルメットなどの身につける製品の開発にも欠かせません。たとえば服やヘルメットなど、一世代前の既製品では体に合わないことも経験した人は多いかもしれません。日本人の頭の形自体も過去一〇〇年の間に横幅が大きくなりました。短頭化現象と呼んでいます。身に着ける製品を作る場合に時代とともに変化する私たちの身体の特徴を知らなければいけません。そのような研究もまた自然人類学の領域の話です。

生物考古学という新領域

自然人類学の世界は私たちの身体を多様な視点から観察します。自然人類学の研究者はヒトを対象にした生物学的な研究を行うため、実に幅広いフィールドで活躍します。ときには南米で神殿遺跡を発掘し、ときには事件現場で白骨死体の鑑定に携わり、また製品開発のために身体計測を行います。本講では、遺跡から出土した昔の人骨を資料として、私たちの遠い祖先の生き様を探る試みについてお話ししましょう。

遺跡から出土した古い人骨のことを古人骨とよびます。ヒトは霊長類の中でもっとも世界中に分布域を広げました。ヒト以外の霊長類の生息域はおおよそ熱帯から温帯に限定されますが、ヒトは極地から熱帯、太平洋の諸島までどこにいっても生息しています。さらに世界中どこにいっても過去に人々が生きた痕跡が残っています。遺跡から出てくる人骨を扱う自然人類学が考古学とどこが違うかというと大きな違いはありません。対象がヒトそのものか人工遺物かの違いにすぎません。しかし、考古学者が石器や土器の分析と合わせて人骨を分析するのには、なみなみならぬ困難があります。ヒトの体は複雑であり、ヒトの体の構造や変異を理解するのには解剖学や生物学の知識は不可欠です。ヒトの骨を主眼とする研究を志すのでしたら、ヒトの体のことをよく知ったうえで考古学的なコンテキストを理解することが重要です。

自然人類学者は、解剖学や生物学の方法で考古遺跡から出土した骨を調査することによって、どのように生きて死んでいったのか、過去の人々の生老病死を明らかにしようと試みます。ヒトは地理的にも時間的にも幅広く変異を持って現在に至っていますので、ヒトの生老病死の地理的変異や時代的変異を調べることはヒトが過去にどのように生きてきたか解明する有力な手がかりです。この分野は骨考古学と呼ばれることがありますが、研究対象は骨以外の組織まで広がりを持つものであるため、私は生物考古学とよんでいます。生物考古学はアメリカやイギリスでは一九九〇年代から研究されてきましたが、日本における研究は最近始まったばかりです。日本で「生物考古学」という言葉がはじめて使われたのは二一世紀に入ってからで、私も関わった中世人骨の研究プロジェクトが最初です。生物考古学といえば、動植物遺存体も対象に入りますが、ここではもっぱら考古学の現場から出土したヒトの遺体（人骨・ミイラなど）の研究を対象とします。

クラーク・ラーセンの『生物考古学』という著作によると、生物考古学が発展した背景は三つあります。第一に、資料が充実してきたということです。遺跡から出土した人骨は人類学の研究機関（大学や博物館）に所蔵されていることが多いです。たとえば、アメリカのスミソニアン自然史博物館には三万点以上の人骨が所蔵されています。日本においても、大学や博物館に数千に及ぶ古人骨が所蔵されています。生物考古学者にとって、人骨は過去の人々の生活様式を解釈するときの重要な情報源です。第二に、理論や方法論が発達したことも重要です。人骨の鑑定法として、スタンダードとなる手法（年齢推定、性別判定、身長推定などの分析法）が考案されてきました。過去に生きた人体の一部を分析の対象とする実証的な研究により、現代の医学的水準で骨病変の同定や人骨の鑑定が可能になりました。第三に、古人骨の集団研究が可能になったことが挙げられます。これまで、一体一体の人骨にみられる珍しい症例に、医師等が古人骨の病理学や病気の診断を行う研究が重視されてきました。しかし、この研究はケーススタディーとしてはすぐれていますが、過去の人々の生老病死に十分にアプローチできません。多くの資料が蓄積されている中でも、集団としてのパターンや傾向が見逃されてきました。集団としての傾向とは、たとえば縄文時代人の虫歯はどのくらいの頻度なのかというように、集団の中でどの程度の割合で病気を持っているかという傾向のことで、これまで注目されてきませんでした。ここで、生物考古学は、集団として古人骨を見ることで、複雑な社会政治的背景や異なる生業のもとで生活をする人骨集団どうしを比較します。この比較は、単純に「採集民」や「農耕民」を区別します。単純すぎる分類ゆえに、ヒトの適応様式の複雑さを十分に伝えられないという危惧がありますが、それでもなおこのようなカテゴリーは異なる集団の行動や適応の理解を助け、過去の生活様式を復元・解釈しやすくする利点があります。

古人骨から古代人の生老病死を探る試みによって、考古学や歴史学だけではなく医史学等の隣接領域に有用な知見を提供できるかもしれません。

古人骨の研究におけるフィールドワーク

古人骨の研究者の多くは、大学や博物館に所蔵されている人骨を調査することによって研究を進めます。日本にも数多くの標本が研究機関に所蔵されており、縄文時代から近代まで幅広い時代にわたります。しかし、所蔵資料の中には発掘時の情報が欠けている資料が少なくなく、また時代や地域にも偏りがあるため時代や地域による変異を探るのには不十分なことがあります。この場合、新しいデータを収集するために新たな遺跡の発掘をしてデータを補います。

遺跡の発掘調査に携わるメリットとしては、遺跡のコンテキストの情報がわかります。また、人骨の発掘や取り上げにも関わることができるため細心の注意を払って、破損しやすい人骨の観察に努めることができます。しかし、時間がかかる研究です。また、危険が隣り合わせのフィールドワークも数多くあります。フィールドワークは国の援助に基づくことが多いです。そのため何か事故があってからでは遅く、自己責任は通用しません。リスクが少しでもあるならば避けるべきであり、一人でも事故があれば私たちが何十年も積み重ねてきたフィールドワークにブレーキがかかります。身の安全を最優先して調査に努めることが海外調査では必要です。骨を発掘しに行って骨になって帰るのでは洒落になりません。

つぎに、フィールドワークが実施できたとしましょう。その場合には私たちの日常生活からはるかにかけはなれた世界に身をおかなければいけません。ライフラインが整っていないのは日常茶飯事であり、フィールドで研究をする場合には、研究機材も限られます。また、国外に資料を持ち出すことができない国では、分析方法も限られます。コンピュータ断層撮影装置（CTスキャナー）やレントゲンはもちろん用いることはできません。おそらくこの状況は他のフィールドでも共通し、ノギス、ノート、ペンだけで古代人の姿かたちを記録しなければいけません。現在、人類学の研究においても、資金が豊富な研究機関ほどすぐれた研究をできる風潮にあります。頭蓋の形態解析でもノギスしか使えない場合とCTスキャナーが使える場合では、後者が圧倒的に有利です。しかし、フィールドでは日本の研究室のような環境が整っているわけではなく、限られた資料や機材でいかに有意義な研究をするかは、まさに研究者の研究能力にかかっています。フィールドワークによる新規資料をいかに簡易な研究法で分析し、オリジナリティを重ねていくかは研究者の手腕によるものと考えます。簡易な装備であっても新しい研究の可能性を探るおもしろさがフィールド研究にあります。

古人骨を鑑定する

ここで、具体的に古人骨を鑑定する技術について話をしましょう。法医学であれ考古学であれ、土の中から骨が発見されたとき、骨を鑑定する生物考古学者は何をしなければいけないのでしょうか。まず、その骨がヒトかどうかを判定する必要があります。ヒトの骨学については解剖学の教科書を読めばひととおり勉強できます。古人骨の場合は破損していることがほとんどですので、数百体の観察の経験を積むことによって破片骨でもヒトかどうかを判定することが可能です。破片で出土した骨の場合には動物骨と間違えることもありえますが、骨組織像から区別することが可能です。

骨が人骨であるならば次に何をするのでしょうか。性別、年齢、身長、系統などは多くの場合不明です。性別や年齢がわかればその人骨の生前の姿を復元できますし、身長がわかれば体格も推測することが可能です。人骨から性別や年齢という生物学的な情報を得れば、古病理学・古人口学の基本的な情報になります。また、考古学のコンテキストにおいては埋葬行為の解釈の手がかりにもなります。さらに、法医人類学では、これらの個々の生物学的特徴が、人骨の個人識別を行うために重要な情報になります。身元が不明の白骨死体があった場合に性別と年齢の情報は最重要であるのは言うまでもありません。人骨の鑑定法については、カリフォルニア大学のティム・ホワイトとピーター・フォルケンスの『ヒトの骨学』という著作によく整理されています。骨学の基本から鑑定法の実際までを網羅した本です。以下に概要を紹介します。

性別を判定する

人骨の性別判定の話をしましょう。性別は、生物学的な性（セックス）と文化的な性（ジェンダー）がありますが、生物考古学や医学の文献では生物学的な性のことを示します。骨の鑑定では常に生物学的な性の推定を行います。ホワイトによると、この二つの言葉は同じことを示さず、同義語でもなく、同じ意味で使われるべきではありません。ジェンダーとは社会的アイデンティティーの側面であり、セックスとは生物学的アイデンティティーの側面です。考古学的コンテキストでは、人骨資料の分析を通じてセックスを、遺物の分析からジェンダーによる役割を考えることがあるからです。

人骨から性別判定をするときには骨の男女差を知る必要があります。男は女よりも体のサイズが大きいため、骨からも性差を推測できます。もちろん骨だけではなく軟組織が完全に残っている場合は一〇〇パーセントの正しさで判定することができますが、骨のみからではどんなに熟練者であっても九〇パーセントの的中率を超えるのが限界です。一方、イヌの場合はオスには陰茎骨があるためその部位があれば一〇〇パーセントの的中率で性別を推定できます。ゴリラではどんなに未熟な観察者であっても骨の形と大きさによって、一〇〇パーセントの的中率でオスとメスを見分けることが可能です。チンパンジーやヒヒなどでも犬歯の性差が著しいためほぼ完璧に性別判定が可能です。

人骨の性別判定は難しいですが、寛骨《かんこつ》や頭蓋骨が残っていれば、経験によっておよそ八〇〜九〇パーセントの精度で判定することができます。頭蓋骨による性別判定は、男性の頭蓋骨の方が女性よりも大きく頑丈であることによって可能です（図1）。男性の頭蓋骨は眼窩上隆起《がんかじょうりゅうき》がより発達しており、眉間がより発達し、側頭線、項線、乳様突起などの筋がつく部位が明瞭で大きいです。また、男性と女性では、骨盤の解剖学的構造に機能差があります。女性では妊娠や出産をするため、骨盤の形に性差として反映されます。女性の寛骨の大坐骨切痕《だいざこつせっこん》は男性よりも広く、恥骨が幅広いです。前耳状溝は女性が男性よりも深く周囲は明瞭に縁どられています。骨盤による性別判定の的中率は九〇パーセントを超える場合もありますが、頭蓋骨による的中率は八〇パーセント前後で骨盤よりも低いです。

年齢を推定する

ホワイトによると、人骨資料における性別の同定は二分法であるのに対

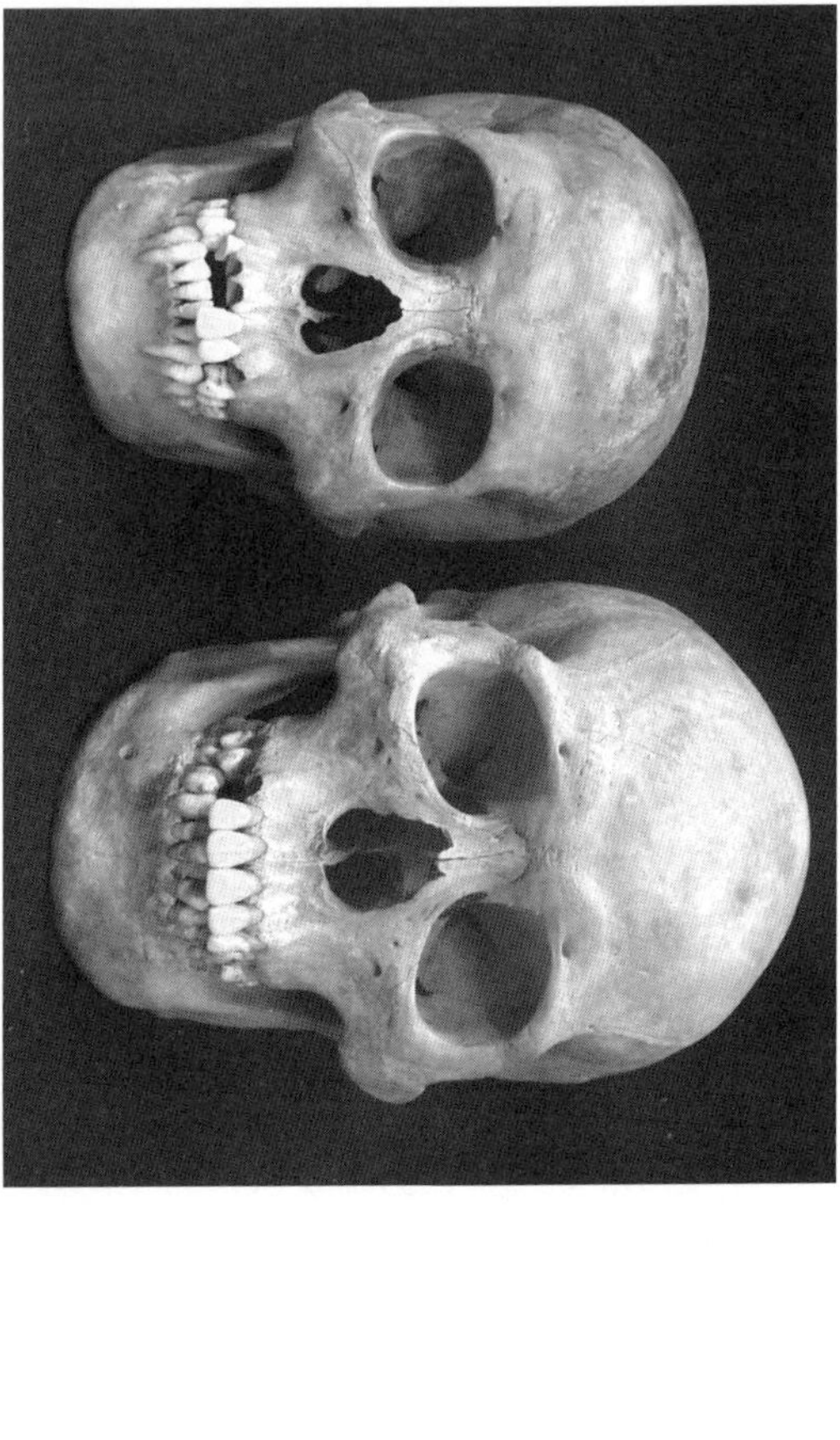

図1　頭蓋骨の男女差。右は男性、左は女性である。男性は大きく、眼窩の上が膨隆しているが、女性は小さく眼窩の上は滑らかである。聖マリアンナ医科大学所蔵。

し、死亡年齢の推定は連続的な加齢変化を恣意的に区分するため、さらに複雑です。同じ暦年齢の個体であっても、異なる発達の段階を呈することがあります。簡単に言うと、同じ年齢であっても、ある個体は若齢に見え別の個体は高齢に見えます。年齢が既知の資料に基づいた骨の鑑定基準が仮に完璧であったとしても、人骨資料の年齢を推定するときには必ずある程度の不正確さが予想されます。骨から年齢を推定する方法は古くは一六世紀にまでさかのぼります。頭蓋骨を構成する骨同士のつなぎ目にある縫合が年齢とともに閉じていくことは数百年前にすでにわかっていました。しかし、数百年の知見の積み重ねがあっても骨の年齢推定は簡単ではありません。成人の年齢推定は未成年より難しく、高齢個体になるほど正確な年齢推定はできません。遺跡の発掘報告書で古人骨の鑑定結果が掲載されていることがありますが、そこに出ている年齢はあくまでも誤差を前提とした推定値としてとらえるべきでしょう。

成人の年齢推定法として、一般的な方法として歯の咬耗と恥骨結合面の加齢変化を紹介します。一度永久歯が萌出すると、咬耗がはじまります。歯がすり減るとまずエナメル質が減っていき、その後象牙質に至ります（図2）。極端にすり減ると歯の歯冠の部分は完全になくなります。歯の咬耗の割合は、歯の発達順序や咀嚼以外の歯の使用、食性の影響

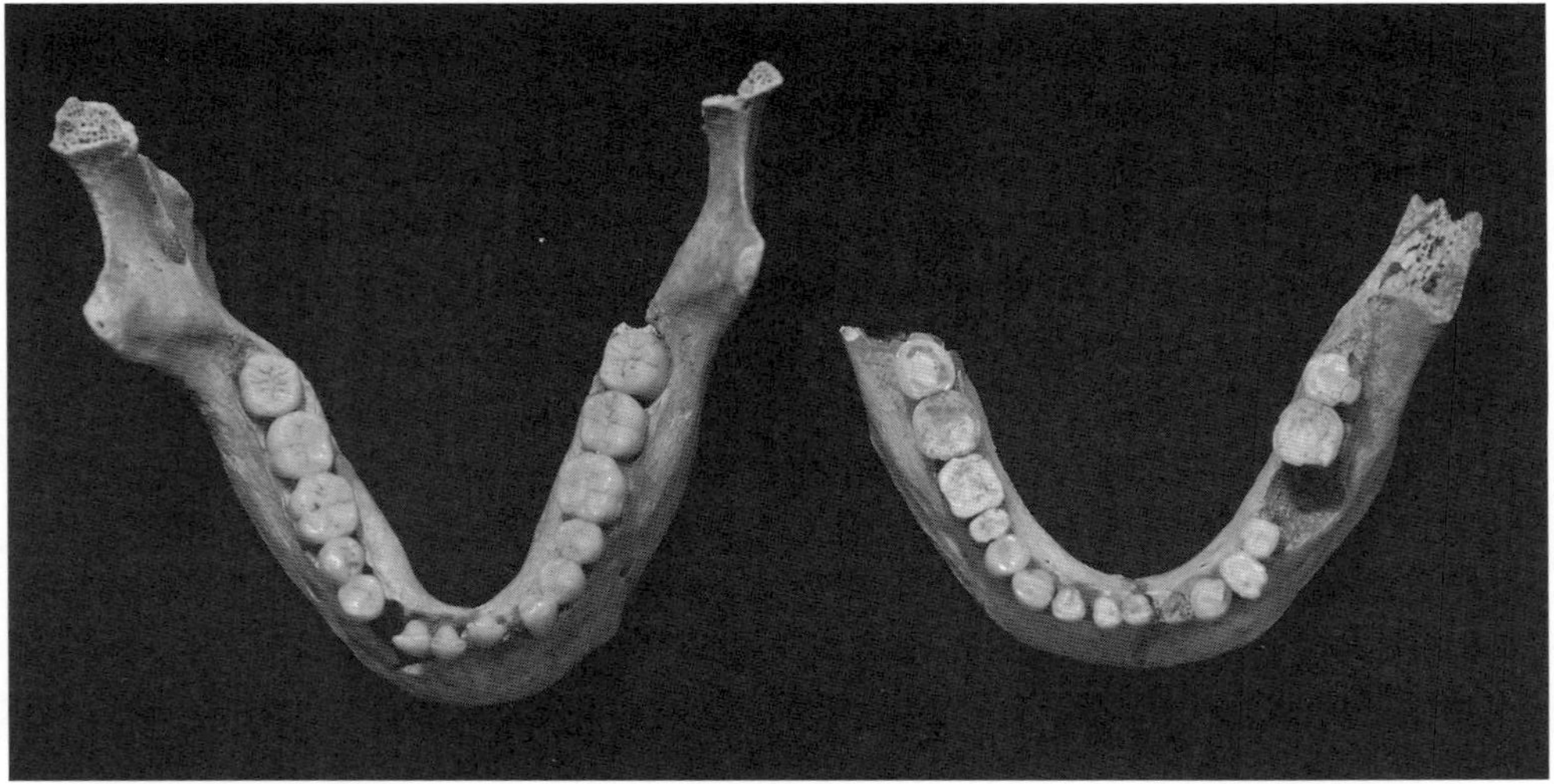

図２　千葉県手永遺跡から出土した縄文時代人骨の下顎歯の咬耗。右が左よりも咬耗が著しく象牙質が露出している。聖マリアンナ医科大学所蔵。

を受けます。もし集団における咬耗の速度が一定であるとしたら、咬耗の程度は加齢によるものと考えることができます。これは、成人個体の歯牙年齢を評価する際に利用できます。しかし、分析するときは歯は道具利用によって咬耗が進むことに常に注意しなければいけません。

死亡年齢推定の指標としてもっともよく使われている指標は恥骨結合面の形態変化です。ヒト以外の霊長類の恥骨結合面はヒトよりも変化が早く、年齢が進むとともに結合します。一方、ヒトでは恥骨結合面の変化を年齢の推定に用いることができます。若い成人の恥骨結合面はでこぼこで水平に波状の起伏が横断します。この表面のでこぼこは加齢とともに失われ、三〇歳代には表面を囲う縁が完成します。その後年齢を重ねるにつれて結合面の輪郭が崩れ、テクスチャーが荒くなります。形態の観察から死亡年齢を推定します。

成人の骨の年齢推定は困難をきわめる一方で未成年の骨の年齢推定は成人より容易です。歯の形成や萌出の程度、骨端軟骨の癒合を観察することで推定できます。胎児の骨では骨の大きさを計測することによって月齢を算出することが可能です。

身長を推定する　古人骨に四肢骨が残っている場合は、身長を推定することが可能です。

身長は四肢骨の長さと相関するため、四肢骨の長さと身長の回帰式によって身長を推定することができます。身長を推定することによって、古人骨の体格を知る手がかりになります。しかし、骨端まで完全に残る骨でなければ身長を推定することができないため、保存不良骨では算出できないことがよくあります。

古人骨から身長を推定する研究の実例として、日本では、縄文時代から弥生時代・古墳時代にかけて身長は増大し、古墳時代から江戸時代にかけて減少していったことがわかっています（表1）。縄文時代から弥生時代にかけて身長が増大した理由としては大陸から渡来人が流入したことが考えられます。しかし、明治時代以降の一世紀において日本人の身長が増大したことからもわかるとおり、ヒトの流入という遺伝的な要因ではなく生活環境の変化によってもヒトの身体的特徴は変化しうるものです。身長というたった一つのパラメータでも時代による変化を探ることで日本列島の人類史にアプローチできます。

骨病変を診断する

古人骨から年齢、性別、身長などの生物学的特徴を推定する以外に、何を推測することができるのでしょうか。どの骨にも言えることではありませんが、骨病変や習慣的な姿勢

表1　縄文時代から近代の日本人の推定身長

集団	時期	地域	男性					女性				
			個体数	最小値	最大値	平均値	標準偏差	個体数	最小値	最大値	平均値	標準偏差
				(cm)	(cm)	(cm)	(cm)		(cm)	(cm)	(cm)	(cm)
縄文	5000-400BC	関東	11	150.0	165.0	159.1	4.2	9	144.0	153.0	148.1	3.0
弥生	400BC-300AD	北部九州・山口	77	152.0	174.0	161.4	4.5	66	142.0	161.0	150.8	4.0
古墳	400-800AD	関東	22	152.0	173.0	163.1	5.5	9	141.0	156.0	151.5	4.8
鎌倉	1333AD	関東	17	153.0	167.0	159.0	4.3	5	140.0	149.0	144.9	3.3
室町	1338-1573AD	関東	26	149.0	166.0	156.8	4.7	17	138.0	153.0	146.6	3.8
江戸	1603-1867AD	関東	95	147.0	167.0	157.1	4.5	45	138.0	157.0	145.6	3.9
近代	1900AD	関東	43	140.0	167.0	155.3	6.5	43	135.0	153.0	144.8	4.4

データは平本（1972）による。

の痕跡が骨に残っていた場合には古代人の生老病死の復元の大きなヒントになります。現代の私たちにとって病気は生命や健康に対する大きな脅威ですが、それは過去においても同じです。私たちの遠い祖先がどのように生き、そして死んでいったのか。戦前では結核が日本人の死因のトップであり、現代とはずいぶんと様子が異なります。古人骨は過去に生きた人々の体そのものであり、ときには骨に残る病気など、古代人の生死の様子を雄弁に物語ることがあります。骨病変の分析を通して、古代人の病気自体を明らかにするだけではなく、彼らを取り巻く文化や生活環境を推測することが可能です。私たちの病気には枚挙にいとまがありませんが、古人骨によく見られる外傷と歯科疾患を例に古代人の病気の話をしましょう。

古人骨に認められた外傷　外傷は軟組織や骨が外力により傷つけられた状態のことです。たとえば、交通事故や転倒、武器で傷つけられたときの傷が外傷です。前述のラーセンによると、外傷研究により求められる罹患率や死亡率は環境、文化、社会が行動にどのように影響を与えたかを評価する手がかりとなります。しかし、外傷は、事故や暴力に由来する損傷と過去の行動と無関係な損傷との混乱が重要な問題です。外傷は、亀裂、風化、根の浸食、食肉類・げっ歯類の噛み傷と混乱しやすいため、骨の埋蔵過程を明らかにする必要があります。

外傷には骨折や脱臼のほか、武器による殺傷痕、頭蓋穿孔、変形などが含まれます。そのうち、古病理学でもっともよく研究されている事例は骨折です。現代でも骨折は交通事故などで容易に起きるため、私たちにとっても身近な病気です。骨折は、骨の連続性が完全もしくは不完全に絶たれた状態、つまり、骨が一部もしくは全体で折れたり、つぶれたりした状態のことを言います。骨に強い外力が加わったとき、骨に外力が反復して加わったとき、また、骨粗鬆症によって骨梁構造が疎になっているときに起こりやすくなります。

骨折は骨折方向や外力のかかり方によって分類されます。螺旋《らせん》骨折・斜め骨折は骨がねじれたときに骨折線が螺旋状もしくは斜めに起こる骨折、横骨折は骨折線が骨の長い軸に対して垂直方向となる骨折のことです。若木骨折は、若い個体に起こりやすい骨折で、骨に弾力があるために骨が完全に壊れない骨折です。剥離骨折は筋の急な引っ張りによって骨の一部が引き離される骨折であり、粉砕骨折は交通事故など非常に強い外力が加わったとき骨が破砕して生じます。圧迫骨折は圧縮応力が骨に加わることによって起こる骨折であり、ときには骨そしょう症で椎骨の骨梁構造が疎になっているときに起こります。古人骨の骨折の場合、骨折部位がずれたまま仮骨形成し、転位した治癒痕が観察されることがあります。運よく大きなずれがなく癒合する場合がありますが、重度の骨折の場合は骨端線のずれが離れたまま偽関節を作ります。

骨折は、過去にさかのぼるとイラク北部のシャニダール遺跡から出土したネアンデルタール人に認められています。日本では縄文時代（紀元前一万〜三〇〇年）の人骨に骨折が認められます。岡山県の涼松貝塚から出土した人骨には顕著な骨折が残っています（図3）。右大腿骨の骨折例で、大腿骨体の近位側で長軸がずれ、上部は内側後方に転位した状態で下部との間で仮骨形成しています。日常の生活に支障が出るほどの患者が生存しえた興味深い事例が出土しています。

ラーセンの『生物考古学』は、中石器時代以後の人骨と現代のヨーロッパ系アメリカ人を比較して、集団による骨折の傾向をまとめています。すなわち、①成人男性が成人女性よりも骨折が多かった、②老年女性が老年男性よりも骨折が多かった、③現代人ではより骨折が多かった、という三点にまとめられます。成人男性が成人女性よりも骨折が多いという点については、成人男性が女性よりも外傷要因に接することが多いということで解釈でき、つぎに老年女性が老年男性よりも骨折が多いという点については、閉経後の女性も骨量減少が原因であると解釈できます。そして、現代人のほうが骨折が多いという点については、自動車、階段、雑踏による、二〇世紀の技術や都市生活によるものであると解釈することが可能です。さらにラーセンによると、生業と骨折の割合にも関係あります。北アメリカ東ウッドランド、北アメリカ南西部、北アメリカテキサスでは、狩猟採集から農耕になると体幹肢の骨折が減っていました。また、テネシー川渓谷の古典期の狩猟採集民とトウモロコシ農耕民を比較すると、農耕民で前腕の外傷の頻度が減少しました。定住生活では骨折の原因となる活動が減ったことによって骨折が減ったと考えることができます。

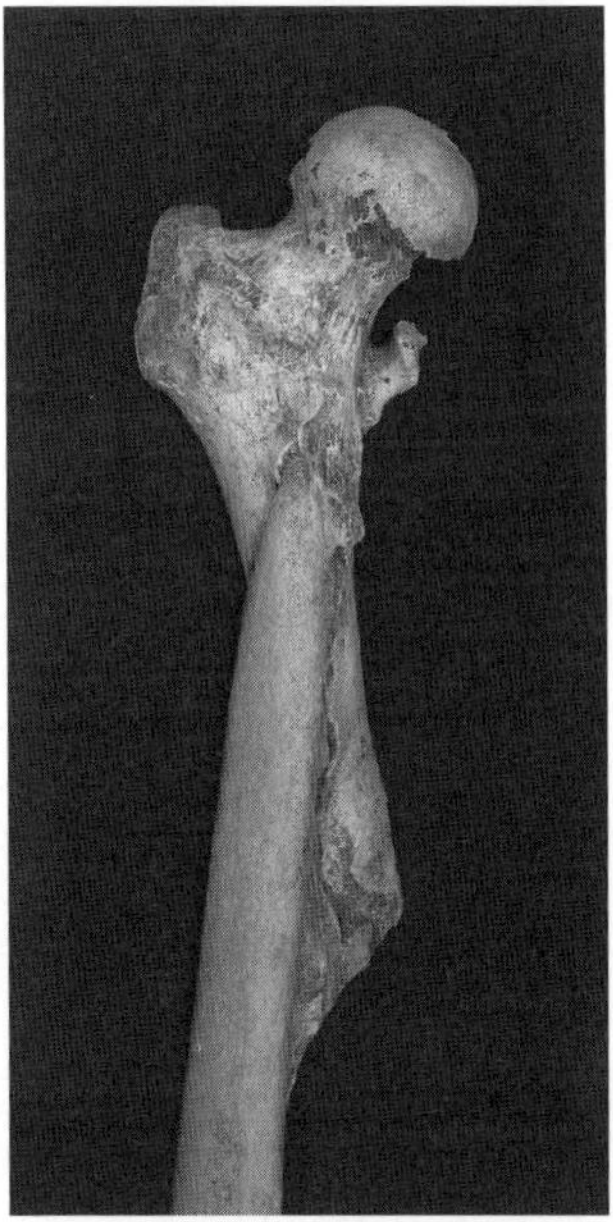

図３　岡山県涼松貝塚から出土した縄文時代人骨の骨折。右大腿骨骨体中央部に骨塊を伴う治癒痕が残る。大阪市立大学所蔵。

古代人の齲蝕《うしょく》　齲蝕は虫歯のことで現代ではよく見られる病気です。しかし、齲蝕は古代人にもよく見られ、現代人に固有のものではありません。狩猟採集民よりも農耕民のほうが一般的に齲歯の割合が高くなっています。新大陸では、一六〜一七世紀にトウモロコシの栽培と消費が集中的に行われました。北アメリカのウッドランド東部で齲歯が増えた原因は、主にトウモロコシに含まれるスクロースです。スクロースは単糖類であり、口腔内の細菌で代謝されます。北アメリカでは、トウモロコシの消費と齲歯の正の相関によって、口腔衛生の時代変化を説明できます。しかし、魚を積極的に摂取している集団では農耕民であっても齲歯率は低く、逆に狩猟採集民であっても交易で炭水化物を得ているような集団では齲歯率は上昇します。このような場合、単純に生業と齲歯率を関連づけることはできません。

古人骨が語る歴史的事件

　生物考古学は歴史資料に記録として残らない人々の生死を物語る特色があります。また、ときには歴史的な事件を雄弁に物語ることがあります。日本においては、鎌倉幕府滅亡時の戦乱や大坂冬の陣など、組織的な武力による闘争の痕跡が遺跡から出土した人骨に見られました。

　鎌倉市の由比ヶ浜海岸は夏に海水浴場でにぎわう場所ですが、その地下には多数の人骨が眠っています。鎌倉市の海岸付近は中世においては墓地として利用されており、これまで数千を超える人骨が出土しました。一九五〇年代に東京大学によって鎌倉市の材木座遺跡の発掘が行われ、鎌倉幕府の滅亡時の犠牲者と思われる人骨が九〇〇体分出土しました。驚くべきことに出土人骨の大部分には刀によるものと思われる鋭い傷が残り、当時の戦乱の凄惨さを伝えます。その後、聖マリアンナ医科大学による鎌倉の人骨の調査でも殺傷痕が発見されました。鎌倉市由比ヶ浜中世集団墓地遺跡から出土した骨を見ると（図4）、傷の周囲には新しい骨形成がなく、その傷が原因となって治癒せずに死亡した人々と容易に推察されます。

　しかし、中世から江戸時代になっても暴力による死は少なからず散見されます。大坂冬の陣の遺構から出土した人骨には打ち首の痕跡が残ります。時代が下がって、江戸時代に入って安定した時代になっても暴力の痕跡を見つけることができます。私が東京都の江戸時代人骨の殺傷痕を調査した結果、人骨に認められる殺傷痕は、中世より江戸時代のほうが頭蓋の深くまで達するようになっていました。これは、時代とともに刀の殺傷力が増し

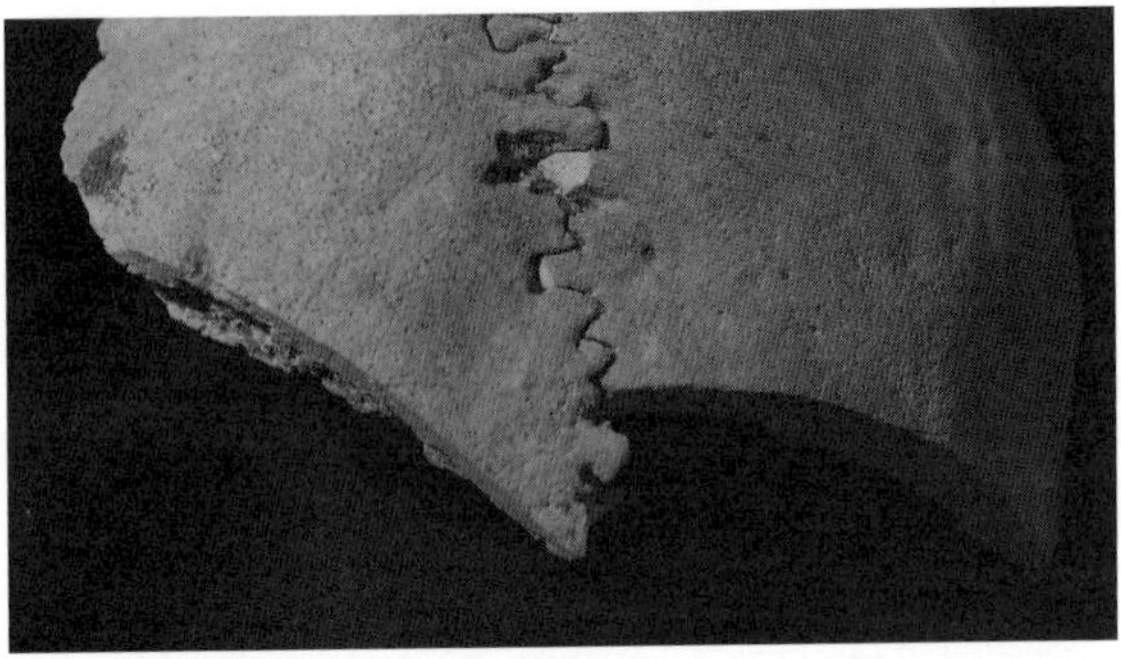

図4　鎌倉市由比ヶ浜中世集団墓地から出土した人骨の頭蓋の殺傷痕。聖マリアンナ医科大学所蔵。

たことを示しているのかもしれません。
なお、韓国では、李氏朝鮮時代に銃が入ってきたことを反映し、朝鮮王朝の墳墓から出土した人骨二体に銃弾の貫通痕が発見されました。武器の製造技術の進歩で殺傷痕の様子が時代とともに変わってきた実例です。

古代人の病気との闘い

ヒトの歴史を振り返ると、生業の転換、技術の進歩の影で、これまでの人類が経験したことがなかったような病気が登場してきました。しかし、ヒトは病気に対してまったく対処しなかったわけではありません。その対処法には、神殿における儀礼やまじないもあったかもしれません。また、江戸時代の梅毒への治療として、水銀を用いた水銀療法がありましたが、逆に水銀中毒の原因となりました。そのような治療法がある一方で、近代医学の発展以前に驚くべき外科的治療が行われた痕跡をうかがえる資料も少数ながら出土しています。

ラーセンによると、ヨーロッパのローマ時代、アングロサクソン時代、中世の長骨の骨折を時代ごとに見ていくと、外傷の治療法が変化しています。ローマ時代とアングロサクソン時代では、骨折の治癒は良好で、骨折部位が正確に整復されていました。ローマ時代では、下手な治療や整復されていない骨折による変形は後の時代よりも少ないのです。しかし、後の時代では高頻度の角状変形とともに、多くの骨折には骨膜反応があり、傷の治療はたまたまのもので多くは役に立たなかったと思われます。つまり、後の時代ほど骨折に対する治療の知識が少なくなったのです。

古人骨での外科的処置の例は多くありませんが、代表例として、ペルーの古人骨に残る頭蓋穿孔の痕があります。それは生前に石器、金属製のナイフ、ドリルで穴をあけた外科的な処置の痕跡です。一九世紀半ばに、アメリカの考古学者・外交官のジョージ・スクワイアはペルーのクスコを旅行し、四角形に穿孔された頭蓋を発見しました。同じ時期、フランスの脳科学者で外科医のポール・ブローカは、ギリシアの古人骨に残された頭蓋穿孔を紹介しました。ブローカは、クスコやギリシアの頭蓋穿孔の痕跡に骨の再生の様子が認められることから治療目的の脳外科手術によるものと結論づけています。その後、世界中の人類集団で頭蓋穿孔の痕跡が発見されましたが、その大部分はペルーの遺跡から出土した古人骨に観察されるのと同じようなものでした。

現在、中央アンデスで発見された例だけでも世界中の頭蓋穿孔の大半を占め、紀元前四〜五世紀からインカ帝国が滅びる一六世紀まで約二〇〇〇年間続きました。アンデスの頭蓋穿孔は、頭皮を切開し頭蓋に穴を開けます。穿孔の形は円形、卵円形、四角形で、石器や金属のナイフによって頭蓋冠の一部を削り取る、もしくは直線状に深く切り込みを入れて骨片を切除する、といった方法によります。ただし、現代の脳外科手術と異なり、頭蓋の中には手を加えなかったと思われます。頭蓋穿孔の痕は成人の男女ともにあり、子供にも二〜三歳頃から認められ、成人男性六割、成人女性三割、未成年一割の割合です。中には頭蓋穿孔後にも長期間生存した事例も多く、頭蓋表面を少しずつ削って開頭する手法は成功率が高かったようです。頭蓋穿孔の理由については、闘争時の骨折や外傷の治療目的とするとの解釈のほかに、てんかん、頭痛、精神病を起こす悪霊を頭の中から追い出すために行ったとする解釈があります。頭蓋穿孔の研究の歴史は古くからありますが、南コネチカット州立大学のバレリー・アンドルシュコは、クスコで頭蓋穿孔を調査し、アンデスの頭蓋穿孔に関する新知見を発表しました。資料はクスコやその周辺の一〇〜一六世紀の六つの遺跡から出土した四一一体の頭蓋です。その中の六六体に頭蓋穿孔が施されており、遺跡によって五〜三六パーセントの割合で頭蓋穿孔が認められました。頭蓋穿孔のある個体には外傷を伴うことが多く、骨折の治療、特に頭蓋の骨折に伴う硬膜外出血の治療として行われた可能性が高いといわれています。傷は頭蓋の前面に多く、左側に傷を負うことが多いため、正面を向いた闘争の場面で右利きの敵によるものです。注目されるのは、施術後の生存率です。古い時代では頭蓋穿孔自体が致命的で、一〇〜一四世紀では施術後の生存率がわずか三三パーセントにすぎなかったものが、一五〜一六世紀には九〇パーセントに達するまで改善されました。後の時代の頭蓋穿孔は、後頭骨の筋肉付着部や頭蓋内の血管を避けるように施術が行われました。頭蓋穿孔の方法も切除中に強い力が加わらないように気をつけ、磨製石器や金属のナイフにより頭蓋表面を正確に少しずつ削るように手法へと改善されました。また、感染の予防のためにタンニンなどを使って殺菌を行ったことも生存率の改善に役立ちました。古代アンデスの施術者たちは解剖に関する知識を発展させ、頭蓋穿孔の際に脳の硬膜、クモ膜や血管を避け、施術による出血や感染のリスクを回避したと考えられます。頭蓋穿孔の技術が年月を重ねるにつれて精緻化されたことで、施術による死亡率が時代とともに低下したことを実証する研究として注目に値します。

古人骨を研究する倫理

古人骨は遺跡から出土しても、私たちの体の一部です。医学生が解剖学を勉強するときには生命倫理に関する講義を受けます。ヒトのご遺体に触れるのは誰にでもできるわけではありませんので、生物考古学者が骨を触れる場合には同様の配慮が必要です。つまり、死者に対する敬意を払い、ヒトのご遺体であることを考えなければいけません。興味本位に骨を扱ってはいけないということ、骨を丁寧に扱うということ、ご遺体に対する敬意を払い不用意な発言や行動をしないようにするということです。また、古人骨資料を整理し保管をするのは各研究者の個人的な努力の積み重ねが多いことも理解しなければいけません。最近、部局外の研究者が資料をみようとするときに見せてもらって当たり前だと思う風潮があります。考古学を研究している人で片手間に骨を観察したいという人に目立ちますが、古人骨はあくまでもヒトのご遺体です。その点を熟慮しなければ古人骨の研究をする資格はないと考えます。

解剖学の研究において、ご遺体の解剖構造の研究は倫理委員会の承認を得なければできません。生物考古学においても、解剖学や法医学との隣接領域になるような研究では同様の承認が必要なケースがあります。生物考古学は考古学の一分野でもありながら、医学とも隣接する領域です。ヒトを研究するのには分野横断的な視野が求められますが、自然人類学を教育・研究する場合に生命倫理が必要になるのは当然です。そのうえで生物考古学の研究の発展があると考えます。自然人類学は小さな分野でありながらヒトの全体像をとらえるおもしろさがある一方、今後ますます生命倫理を考えることが重要になります。

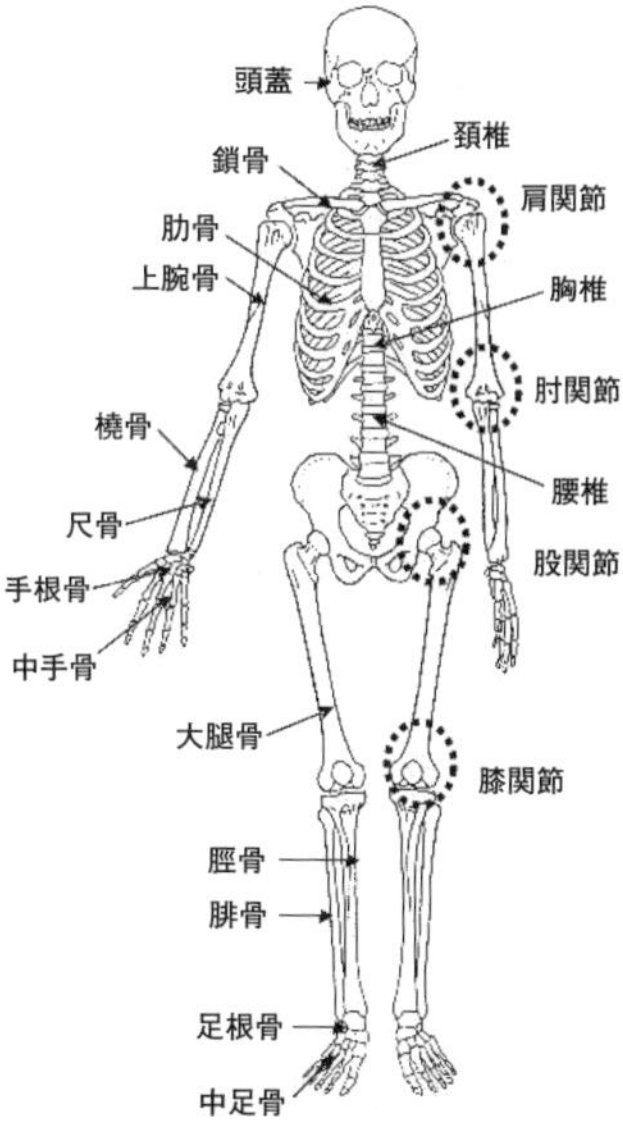

参考図1　全身骨格

第4講

砂漠で生きる——ラクダにたよる人間の生活

坂田　隆

砂漠はどういうところか

降水量が年間二五〇ミリメートル以下（東京都の六分の一以下）と少なく、そのうえ雨や雪として降ってくる水の量よりも、蒸発する水の量のほうがはるかに多くて、地表面に砂や岩石が多くあるところを「砂漠」とか「沙漠」とよびます（図1）。雨が少ないだけでなく、数年に一度、あたり一面が洪水になるほどのどしゃぶりの雨が降って、また雨のない年がつづくというような気まぐれな雨の降りかたをします。

砂漠は乾燥していて上空には雲も少ないですから、太陽の光がさえぎられにくく、光の散乱も少なくなります。そのため、地上にとどく日射量が大きくなり、日中は暑くて地表面では摂氏八〇度にもなります。また、昼間は気温が高いので風が吹きやすく、対流による熱の流入がおこりやすくなります。いっぽうで、夜は急激に気温が下がります。このように、砂漠ではほとんどいつも水が少なく、しかも昼と夜の気温差が大きいので、植物にとっても動物にとっても厳しい環境です。したがって、砂漠には植物が少なく、そのために日陰や湿ったところができにくくなります。

ヒトにとっては砂漠の暑さだけでなく、食物や水が手に入りにくいことも砂漠に進出す

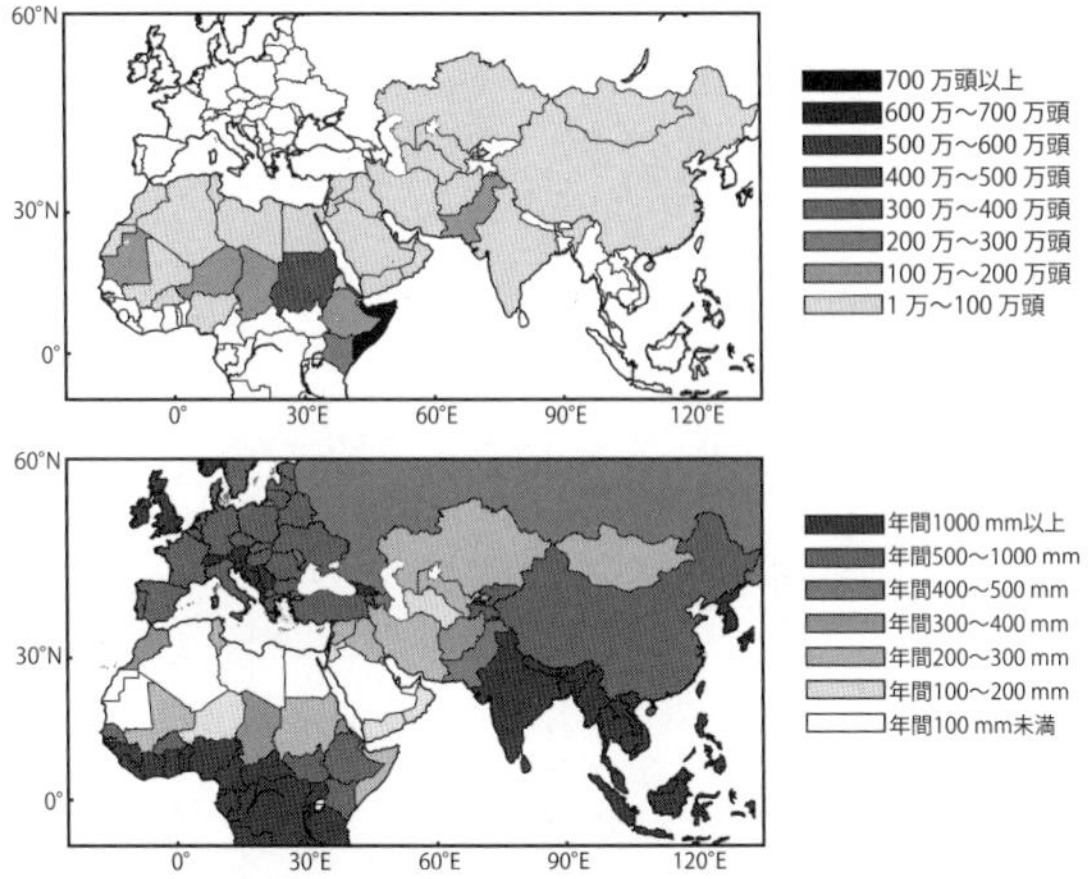

図１　ラクダ飼育国のラクダ飼育頭数（上段）と年間降水量（下段）

るうえでの大きな制約となります。さらに、水があっても塩分が高いことも多いので、ヒトが飲める水源は限られます。そのうえ、夜間の低温にも適応する必要があります。ところが、ヒトはモンゴルから西アジア、中東からサハラ砂漠にかけての乾燥地に進出しています。かつては、千頭をこえるラクダをひきいてサハラ砂漠を縦断する隊商も活躍していました。このようなヒトの砂漠への進出を可能にしたのはどのような能力なのでしょう。

砂漠で生きのびるためのやりかた

砂漠でくらす動物も、もともとは植物を食べるか、植物を食べる動物を食べて生きています。それでは、砂漠の植物はどのように生きているのでしょうか。

植物が砂漠で生きていくためには、水を節約する能力や昼の暑さや明けがたの寒さにたえる能力が必要です。砂漠の植物のなかには、乾燥に強い種子をつくり、雨が降ると一気に芽をだして花をつけ、たちどころに種子をつくってまた次の雨をまつ、という生き方をしているものがあります。また、砂漠で乾燥がすすむと、地表面から乾燥していきますから、地中の浅いところから水がなくなります。そこで、深く根をのばして地中の深いところの水を利用する植物もいます。

それにしても、砂漠ではそれほど多くの植物が育つわけにはいきません。ですから、動物にとっては、水の節約とか暑さや寒さをしのぐだけでなく、少ない食物で生きられる能力も必要です。

それでは、私たちほ乳類は、砂漠で生きていくのに適しているのでしょうか。イヌやウマやヒトのようなほ乳類と、トカゲやワニやカメのようなは虫類とを比べてみると、は虫類のほうが砂漠には向いているようです。大きな違いは、息の量と尿の量、体をおおう皮ふの違いです。

息から逃げる水　ガラスに息を吹きかけると、露がつきます。水の小さな粒です。この水は、肺の表面や肺に出入りする気道の表面から水が蒸発して出てきたものです。は虫類でもほ乳類でも肺の表面から酸素をとりこみ、二酸化炭素を出しています。しかし、肺では酸素や二酸化炭素だけでなく水も簡単に出入りします。

激しい運動をすると、呼吸が激しくなります。酸素を使ってブドウ糖や脂肪などを酸化してエネルギーをとりだして、そのエネルギーを使って筋肉が仕事をしているので、酸素をたくさんとりこむ必要があるからです。このようにして呼吸が激しくなると、湿度の低い空気がたくさん肺にながれこんで、そこに肺の表面から水が蒸発していき、水蒸気でほぼ飽和した空気をたくさんはくので、肺から出ていく水の量がふえます。

ほ乳類は体温をある程度の範囲に保つためにもエネルギーを使います。寒ければ肝臓などでグリコーゲンを酸素で酸化して熱を作ったり、筋肉をふるわせて熱を作ります。たくさん熱を作るためには酸素がたくさん必要ですから、呼吸がさかんになります。でも、トカゲやカメは筋肉をふるわせません。無理に体温を調節しないのです。そのため、は虫類は同じ体重のほ乳類に比べて五分の一から十分の一のエネルギーしか使わず、したがって五分の一から十分の一の酸素しか使いません。つまり、は虫類はあまり息をしないのです。

とうぜん、は虫類はほ乳類に比べて肺から逃げていく水の量が少なくてすみます。

　は虫類は同じ体重のほ乳類に比べて五分の一から十分の一のエネルギーしか使いませんから、食べる量も五分の一から十分の一ですむことになります。したがって、植物資源が少なく、植物を食べる動物も少ない砂漠で暮らすには、は虫類のほうがほ乳類よりも有利だということになります。

皮ふから逃げる水　は虫類の皮ふは硬くて、水を通しにくいウロコにおおわれています。カメにいたっては、もっと水を通しにくいこうらの中に体が入っています。ですから、乾いたところに暮らしていても、は虫類の皮ふからは水が逃げていきにくいのです。

　センザンコウのような例外はいますが、ふつうのほ乳類の皮ふは柔らかくて、は虫類の皮ふよりも水を通しやすくなっています。寒いところで一気に裸になると体から湯気があがります。皮ふからでた水が体温で水蒸気になり、それが冷えて凝固したものです。このようにほ乳類の皮ふは水を通しやすいのです。

尿の違い　ほ乳類とちがって、は虫類が多量の尿をすることはありません。は虫類の尿とフンは同じところ（総排泄こう）から出てきます。また一緒に出てくることが多いのですが、出てきた物をよくみると濃い色の部分と白っぽい部分があります。濃い色の部分がフンで、白っぽい部分が尿です。鳥と基本的には同じです。

尿の重要な役目は、塩分や体のタンパク質を分解してできたものをすてることです。私たちの筋肉や骨などのタンパク質は、健康に暮らしていても、毎日こわれています。成人では最低でも毎日三〇グラムほど、一般には六〇グラムから七〇グラムのタンパク質がこわれています。こわれたタンパク質はまずアミノ酸に分解されて、さらにアンモニアや尿素、尿酸などになって、尿として体の外に出ていきます。

魚はアンモニア、ほ乳類は尿素、鳥類やは虫類は尿酸を尿の中に出しています。尿素は肥料などにも使う窒素をふくんでいる化合物で、水にとけやすく、摂氏二〇度だと一〇〇ミリリットルの水に一〇〇グラム以上とけます。尿酸は痛風の原因にもなる窒素化合物ですが、水にはほとんどとけず、摂氏二〇度だと一〇〇ミリリットルの水にせいぜい十分の一グラムしかとけません。

体のいろいろなところでできた尿素や尿酸は血液の流れにのって腎臓に運ばれていき、そこで尿として体の外に出ていきます。成人では一日あたりで一〇〇リットルもの尿の原料ができますが、ほとんどは腎臓を通りぬける間にもう一度吸収されて、結局二リットルから三リットルの尿が出ることになります。ところが、尿の原料のなかに尿素や塩分などがたくさんとけていると、水を吸収するのが難しくなって、たくさん尿が出ます。ですから、塩からいものをたくさん食べるとおしっこがたくさん出て、水をたくさん飲むのです。

尿酸は水にとけにくいので、水の吸収を邪魔する作用がほとんどありません。したがって、タンパク質を尿酸としてすてている鳥類やは虫類は、尿から水を効率よく再吸収できるので、尿に出ていく水の量がごく少なくてすむのです。このようなしくみで、は虫類や鳥類の尿の量は、ほ乳類よりもずっと少ないのです。

このように、は虫類は皮ふからも、肺からも、尿からも水を逃しにくくできていますから、水をそれほど飲まなくても生きていけることになります。また、食べる量も少ないので、食物資源がとぼしい砂漠で暮らすには有利です。見方をかえると、ほ乳類が砂漠で暮らすためには、なんとかして水を節約し、エネルギーをあまり使わないようにし、他の動物と競合しない食物資源を利用する、といったやり方が必要だということになります。

砂漠のほ乳類代表——ラクダとハムスター

私が最初に研究対象にしたのがゴールデンハムスターで、最後に研究対象にしている動物がラクダです。ゴールデンハムスターは砂漠の穴の中で暮らす小型のほ乳類で、ラクダは砂漠の地上で暮らしている大型ほ乳類です。この二つのほ乳類を例にとって、砂漠に暮らすほ乳類が、どのようにして厳しい環境をしのいでいるのかをながめてみましょう。

ゴールデンハムスター

ゴールデンハムスター、別名シリアンハムスターは、中東のシリア、レバノン、イスラエル、パレスチナのあたりの乾燥地が原産の小型げっ歯類（ネズミやリスの仲間）です（図2）。原生地では地面に穴を掘って暮らしていますが、昼間はあまり動かず、夜に活動します。

ハムスターの適応戦略

ゴールデンハムスターを飼ってみると、尿をあまりしないことに気がつきます。生の草をあたえておけば、水をやる必要もありません。ゴールデンハムスターの腎臓はとても強力に尿から水を吸収するので、尿素がとけていられなくなって沈殿してしまうほどです。

図２　ゴールデンハムスター〔坂田（1991）から許可を得て複写〕

ですから、ハムスターをあおむけにして尿をさせると、うわずみの黄色い液体だけが出ていきますが、はらばいで尿をさせると、ぼうこうの下のほうに沈殿している尿素がまじった、白くにごった尿をします。

このように、ゴールデンハムスターは腎臓から水を回収する力が強いのです（図3）。いいかえれば、尿から逃げていく水の量が少ないということです。

寒い時期に旅行などにでかけて帰ってくると、うちで飼っているゴールデンハムスターが冷たくなってぐったりしていることがあります。「かわいそうなことをした」といって、庭に穴をほってうめて、お墓を作るのはちょっとまってください。温めると、動きだすことも多いのです。

ゴールデンハムスターは、ヒトほどきちんと体温

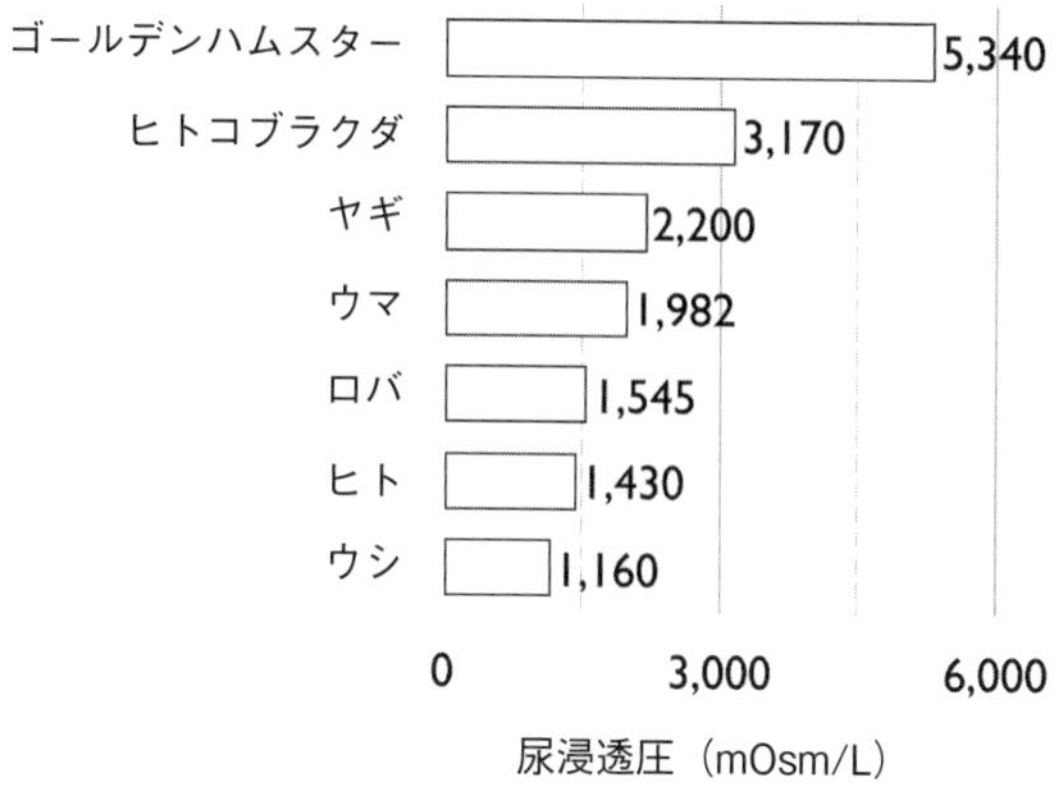

図3　各種ほ乳類の尿の濃さ〔Beuchat（1996）のデータより作図〕

を調節しません。私たちは体温が一度でも高くなると調子が悪くなって、学校を休んだりします。しかし、ゴールデンハムスターは、寒くなっても無理に体温を上げません。もっと寒くなると休眠してしまいます。ちょっとみると死んでいるように見えますが、ゆっくりと心臓は動いています。こうすれば、体温を維持するためのエネルギーを節約できることになります。

ゴールデンハムスターが、穴の中に住んでいることにも大きな意味があります。シリアやパレスチナの砂漠でも、少し深い穴の中の温度は季節をとわず、昼でも夜でも摂氏一五度から二〇度くらいです。つまり、穴の中に暮らしていれば、暑くも寒くもないのです。したがって、穴の中で暮らすゴールデンハムスターは体温を調節するためのエネルギーを使う必要が少ないのです。

また、穴の中の空気は、砂漠の地表の空気に比べれば湿度が高くなっています。ですから、肺に入ってくる空気の湿度も高く、その分だけ肺から水分が蒸発しにくいので、呼吸による水分の損失も少なくなります。

このように、ゴールデンハムスターは、穴の中に暮らすことや変温によって体温を調節するためのエネルギーを節約し、その分だけ息に逃げる水分を減らすとともに、高性能の腎臓で尿に逃げる水分を大幅に減らしています。これによって、生の植物を食べていれば、水分をまったく取らなくて生きていけます。さらに、エネルギーがあまりいらないので、砂漠のとぼしい植物資源でも暮らしていくことができるのです。

西に進出したラクダと南に進出したラクダ

「ラクダ」ときいてまず思い浮かべるのは、サハラ砂漠やアラビア半島などに住んでいるヒトコブラクダや、ゴビ砂漠などに住んでいるフタコブラクダでしょう。

ヒトコブラクダとフタコブラクダは旧大陸ともいわれるユーラシア大陸やアフリカ大陸に住んでいる偶蹄《ぐうてい》目ラクダ科ラクダ属の動物です。新大陸ともいわれる南アメリカ大陸に

表1　ラクダの生物学上の分類

動物界 Animalia
　脊索動物門 Chordata
　　脊椎動物亜門 Vertebrata
　　　哺乳綱 Mammalia
　　　　偶蹄目 Artiodactyla
　　　　　ラクダ科 Camelidae
　　　　　　ラクダ属 Camelus
　　　　　　　ヒトコブラクダ *Camelus dromedarius* Linnaeus, 1758
　　　　　　　フタコブラクダ *Camelus ferus* Przhewalski, 1878（野生種）
　　　　　　　フタコブラクダ *Camelus bactrianus* Linnaeus, 1758（家畜種）
　　　　　　ラマ属 Lama
　　　　　　　ラマ（リャマ）*Lama glama*, Linnaeus, 1758（野生種）
　　　　　　　グアナコ *Lama guanicoe*, Müller, 1776（家畜種）
　　　　　　ビクーニャ属 Vicugna
　　　　　　　ビクーニャ *Vicugna vicugna*, Molina, 1782（野生種）
　　　　　　　アルパカ *Lama pacos*, Linnaeus, 1758（家畜種）

はラマ属に分類されるラマおよびその家畜種のグアナコ、ビクーニャ属のビクーニャおよびその家畜種のアルパカがすんでいます（トピック3参照）。ここでは、ヒトコブラクダとフタコブラクダのことを旧大陸ラクダ、南アメリカのラクダのことを新大陸ラクダと呼ぶことにします。

表1にラクダの生物学上の分類をまとめました。ヒトコブラクダはすべて家畜種で、野生種はみつかっていません。フタコブラクダは古くから家畜種が知られていましたが、ロシア人の探検家ニコライ・プルジェワーリスキーが一九世紀後半に中央アジアで野生のフタコブラクダを発見しています。

ラクダはいまから四五〇〇万年前の中期

始新世《ししんせい》に北アメリカ大陸で出現しました。当時はオオカミほどの大きさであったといわれています。その後、いろいろなタイプのラクダが出現し、北アメリカ大陸だけで九〇種、三五属以上の化石が確認されています。キリンのように首が長いラクダや、カモシカのような細長い脚のラクダも出現しました。しかし、ラクダの歴史のほとんどの間はコブがありませんでしたし、砂漠の動物でもありませんでした。

地球の気候が寒冷化して海面が低くなったころにラクダは北アメリカ大陸からアジア大陸や南アメリカ大陸へとひろがり、現生種が確立しました。

南に移動したグループは新たに出現したパナマ陸橋を通って約三五〇〇万年前に南アメリカに進入し、やがてリャマ、アルパカ、ビクーニャ、グアナコとなりました（トピック3参照）。他のグループはベーリング陸橋をわたって約六〇〇万年前にアジアからアフリカにひろがり、最終的にヒトコブラクダとフタコブラクダへと進化しました。いっぽう、北アメリカのラクダは最終氷期の終わりまでに絶滅しました。

旧大陸ではフタコブラクダがまず出現して、それからヒトコブラクダが分かれたことがわかっていますが、いつどこで分かれたのか、フタコブラクダの家畜化とヒトコブラクダの分化のいずれが先であったのかは、わかっていません。進化の研究には化石とか骨や歯の標本がたよりですが、脂肪であるコブは化石になりませんから、こうした標本からヒトコブラクダとフタコブラクダを区別することが難しいのです。まして、骨の標本で野生ラクダと家畜ラクダを区別するのは専門家でも難しいのです。したがって、今のところは岩絵や石を彫った像などから、いつどこにフタコブラクダやヒトコブラクダがいたのか、それらが家畜化されていたかどうかを調べているのです。

ラクダと水——水を節約するしくみ

ソマリアやケニア、スーダンといったラクダをたくさん飼っている国々（図4）を地図でみると、年間降水量が少ない国々（図1）と一致します。ですから、ラクダは乾燥地にむいているほ乳類といえるでしょう。

ラクダは水を飲まなくても長期間生きられます。たとえば、普通のほ乳類は水が飲めなくて、体重が一〇〜二〇パーセント減少すると死んでしまうのに対して、ラクダは体重が三〇パーセント減少するまで耐えられます。

乾燥地の家畜で、どこから、どのくらい水が排泄されたかを調べた研究によると、吸収されないでフンに出てゆく水の量はヒトコブラクダ、ヒツジ、ヤギでほぼおなじです（図

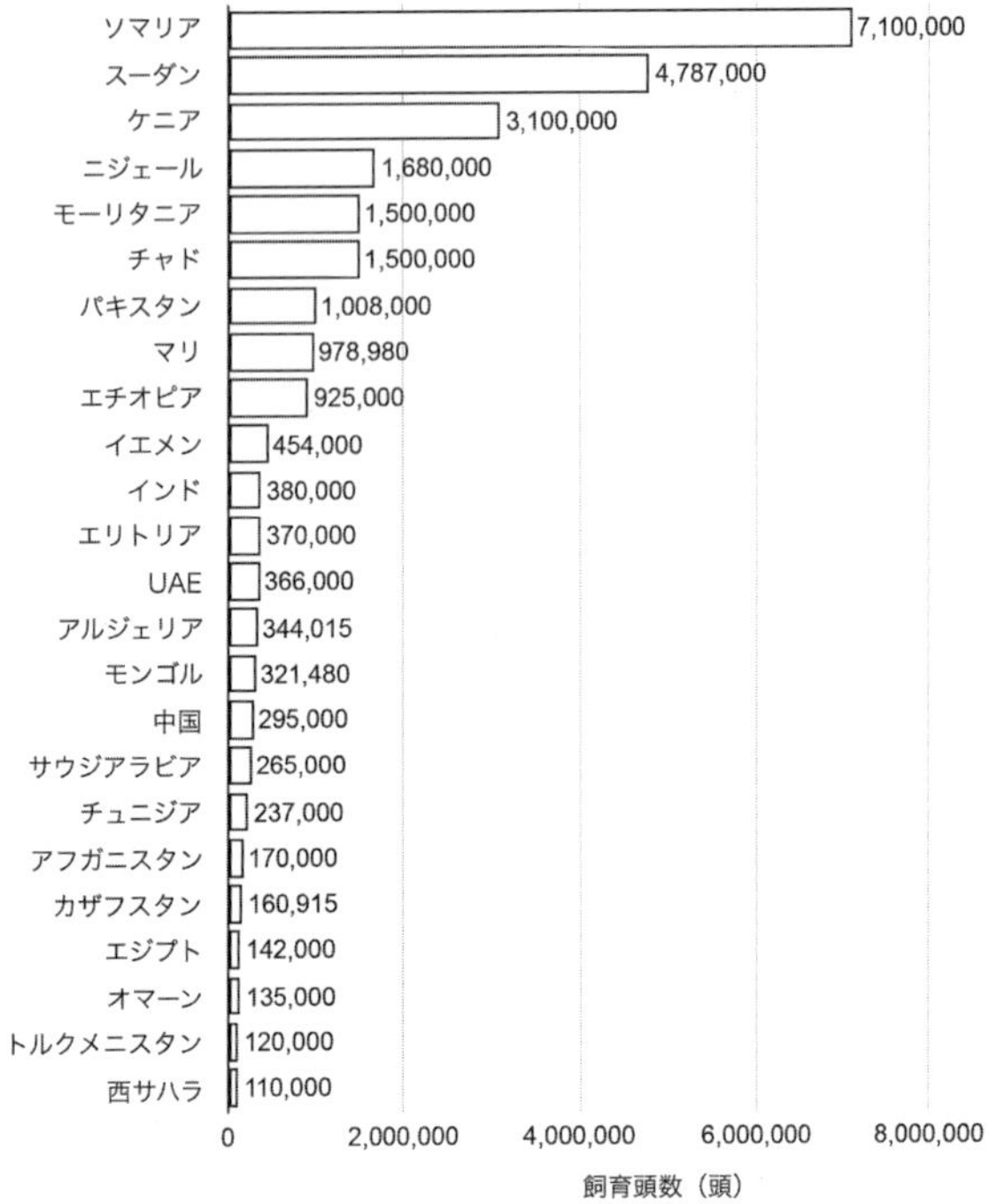

図4　世界各国の2013年のラクダ飼育頭数（FAOSTAT、FAOのデータから作図）

5)。ところが、尿や息などに出てゆく水の量はヒツジやヤギに比べてヒトコブラクダでは半分以下でした。つまり、ヒトコブラクダは消化管で水を吸収する能力が高いのではなくて、いったん吸収した水を尿や息にすてないようにしているのです。ちなみに、図5の排

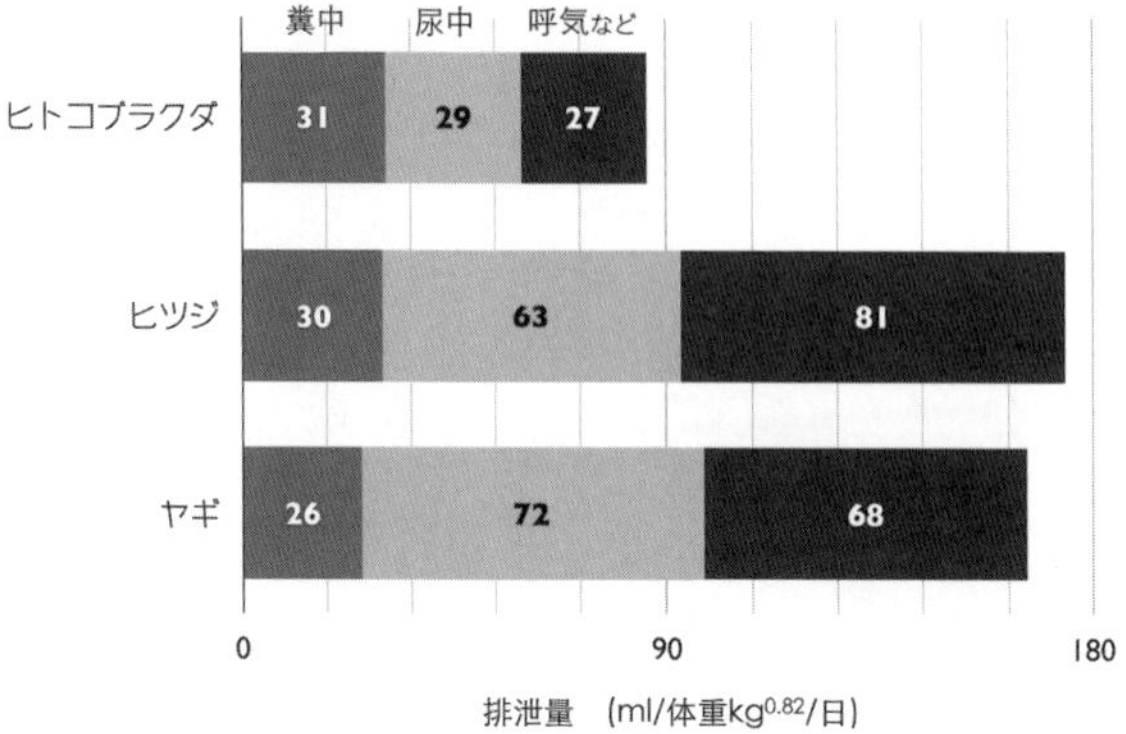

図５　乾燥地の家畜の水分排泄〔Gihad et al. (1989) のデータから作図〕

泄量の合計は水の摂取量と等しいのですが、これからみるとヒトコブラクダはヒツジやヤギのたかだか六割しか水を摂取していないことがわかります。

吸収した水を節約するのにはさまざまな機構がかかわっています。一つにはラクダは被毛が厚くて断熱性が高く、しかも暑い日中には体温を摂氏四〇・七度にまで上昇させ、寒い夜明けには三四・二度までさげるという変温動物になることによって、体温調節のためのエネルギー消費を節約しています。昼の間に体にたくわえた熱を夜の間の体温維持にちびちび使い、太陽が昇ってくるとひなたぼっこをして、体温を上げるのです。

エネルギー消費を節約すれば、呼吸量が減って、その分だけ水分を節約できることになります。もちろん、エネルギー消費が少ないということは、食べる量が少なくても生きていけるということでもあります。

ラクダの胃は三部屋に分かれている大きなものです。大きな胃は水タンクとしても機能します。また、水がのめなかったヒトコブラクダに給水すると、体重の四分の一にもあたる量の水を一気に飲むことができます。一般的なほ乳類がこのように大量に水を飲むと、血液が薄まって、赤血球が破裂して死んでしまいますが、ヒトコブラクダの赤血球の細胞膜は丈夫で、破裂しにくくなっています。

しかし、一番重要なのは腎臓の機能です。ラクダの腎臓は尿を濃縮して、水を回収する能力が、ゴールデンハムスターほどではありませんが、ウシやヒトの二・五倍から三倍、ウマの一・五倍くらいあります（図3）。尿を濃縮する能力が高ければ、体の中の塩分や尿素などを排出するために使う水の量、すなわち尿として捨てる水の量が少なくてすみます。ですから、水分をあまりとらなくても生きられることになります。また、尿を濃縮する能力が高ければ、塩分が高い水を飲んでも生きられます。塩分を尿から捨てるために必要な水の量が少なくてすむからです。乾燥地の水源には塩分が高いものが少なくありませんが、ラクダはこうした水源も利用できます。さらに、海岸近くの井戸のように塩分が高い水源でもラクダは利用できます。このように、ラクダは乾燥に強いだけでなく、高塩分にも強い生物といえます。

木の葉を食べて生きぬくラクダ

乾燥地の家畜のなかで、ウシがほとんど草だけを食べるのにたいして、ラクダはおもに木の葉を食べていて、ヤギやヒツジ、ロバはこの中間です（図6）。

乾燥地では雨期と乾期が分かれているところが多いのですが、木は地中に深く根をはっているので乾季になったあとでも地下水を長く利用でき、葉の劣化が遅いのです。草の葉は、根が浅いので早く地下水を吸えなくなり、葉の劣化が速くすすみ、すぐに栄養素の少ない枯れ草になります。したがって、乾期になっても木の葉を食べるラクダは草を食べているウシに比べて質の高い餌を食べられる期間が長いのです。その結果、旱魃の時期でもラクダの乳や肉の生産は維持されることが多いのです。

ラクダは木の葉や草を食べますが、葉にはタンパク質が少なく、ラクダ自身の消化酵素では分解できない繊維であるセルロース（図7）が多くあります。ヒトが木の葉や草だけを食べて生きようとすると、必要なタンパク質や消化しやすい糖質などを十分にとるため

図6　乾燥地の装飾家畜の食べ方。ラクダやヤギは木の葉を食べるが、牛は草を食べる。〔Engelhardt et al. (1988) から許可を得て複写〕

に、大量の木の葉や草を食べなくてはなりません。ところが、木の葉や草にはセルロースが多いのでかさばっていて、しかも胃や小腸での消化が進んでもセルロースは消化されないで残ってしまいますから、木の葉や草をたくさん食べると胃や腸の中がいっぱいになって、次の食事ができなくなってしまいます。ですから、ヒトは木の葉や草だけを食べては生きられないのです。ところが、ラクダやウシやヒツジなどの反すう動物には、タンパク質が少なくてセルロースが多い植物を食べて生きていけるしくみがそなわっているのです。

ラクダの胃は、反すう動物とおなじように、胃の最初のほうが大きくふくらんでいて、そこにバクテリア（細菌）やカビ（真菌）といった微生物をたくさんすまわせています。この微生物の働き

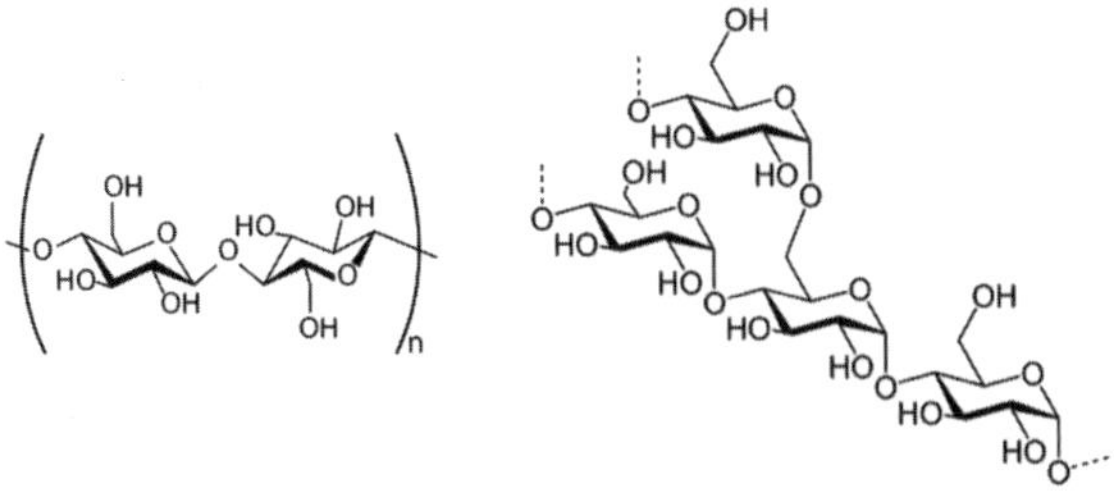

図7　セルロース（左）とデンプン（右）は、いずれもグルコース（ブドウ糖）が結合したものだが、セルロースはβ1, 4結合で、デンプンはα1, 4結合とα1, 6結合（分岐しているところ）でつながっているところが異なる。

によって、セルロースを酢酸《さくさん》やプロピオン酸、酪酸《らくさん》といった短鎖脂肪酸に変換します。このようにしてできた短鎖脂肪酸《たんさしぼうさん》のほとんどをラクダは胃の壁から吸収してエネルギー源や脂肪を作る材料として利用しています。また、このようにセルロースが分解されればカサが減るので、次の餌を食べるためのすき間もできることになります。

いっぽう、胃のなかの微生物は、セルロースから短鎖脂肪酸を作るときに出てくるエネルギーを使って、自分の体のタンパク質やＤＮＡを合成して、増殖します。そのときのタンパク質やＤＮＡの材料は、よだれや胃液にはいっている尿素です。ヒトやイヌのように体のタンパク質が毎日こわれてできる尿素を尿の中にすてるのではなく、ラクダは胃の中に尿素を流しこんで、微生物の体にしてしまうのです。

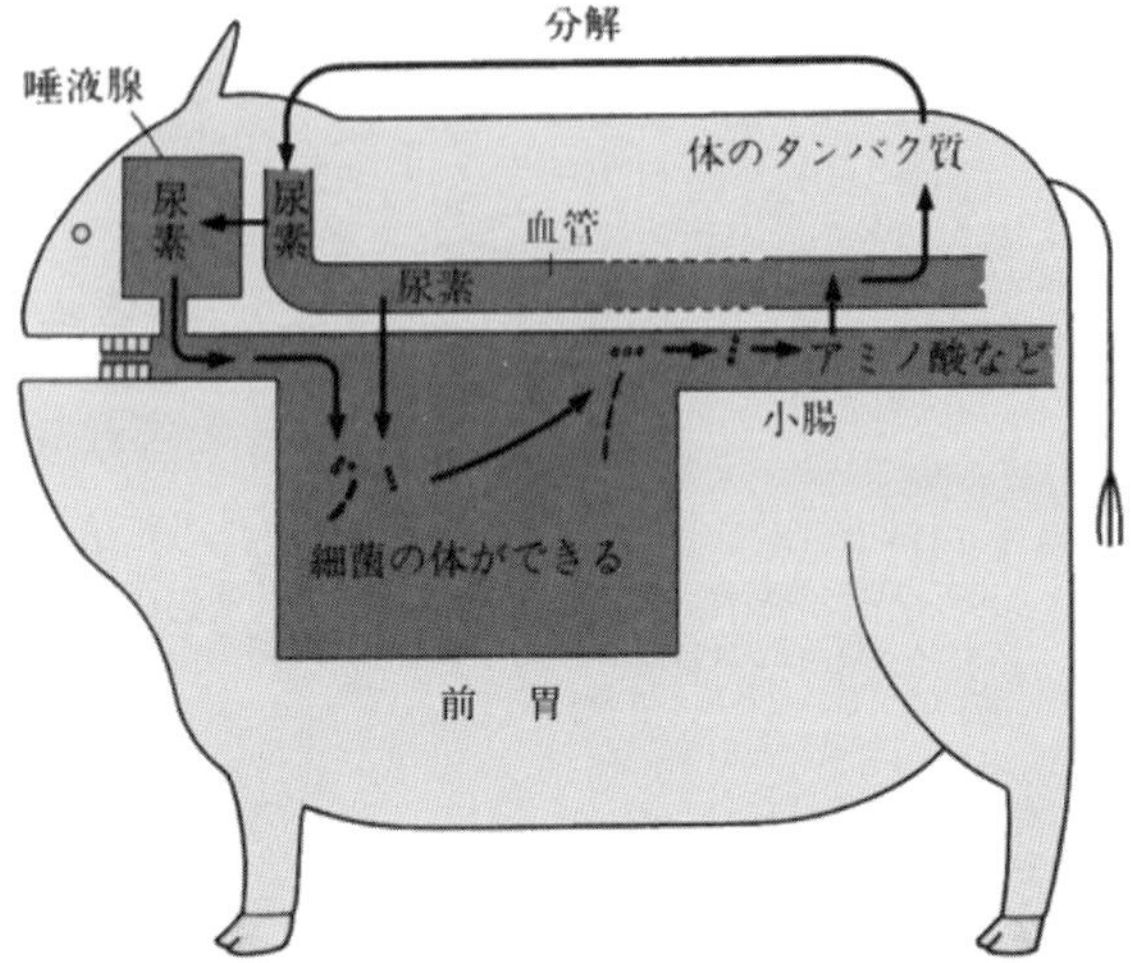

図８　尿素を再循環させてタンパク質を節約するしくみ。〔坂田（1991）から改写〕

微生物の体の主成分は乳や肉などとほとんどおなじ動物性のタンパク質で、やがて小腸にながれこみ、消化・吸収されて、筋肉や骨、血液、乳、毛などを作るときの材料として再利用されます。つまり、餌のなかのタンパク質が少なくても、体のタンパク質を分解してできる尿素を捨てないで再利用することによって、ラクダは体の筋肉をつくり、乳や毛のタンパク質をまかなっているのです（図８）。

このようなしくみがはたらくためには、微生物をたくさん住まわせることができる大きな胃が必要になります。体重四〇〇キログラムの小型のラクダでも乾期で三五リットル、雨期だと四五リットルほど、七〇〇キログラムの大型のラクダであれば乾期で六五リットル、雨期だと七五リットルほども大きな胃をもっています。

また、尿素を供給するためにはよだれがたくさん胃に流れこむ必要がありますが、おとなのラクダでは雨期で毎日三〇リットル、乾期でも毎日六リットルのよだれが胃にながれてきます。このようにたくさんのよだれをラクダはだしますが、よだれのほとんどの水分を胃や腸で再び吸収します。ですから、よだれをたくさんだしても、ラクダが脱水で死ぬことはありません。

ヒトは砂漠にむいているか？

ひとことでいいますと、ヒトは暑さにとても強い一方で、かわきにはとても弱い生き物です。ですから、水不足をなんとかしのがないとヒトが砂漠で生きるのは困難です。

ほ乳類は、砂漠の昼の暑さと夜の寒さに適応するために表2のようなしくみを進化させました。しかし、こうしたしくみの中でヒトが採用したのは発汗と退避行動だけです。

ヒトが体内の熱を放出するもっとも重要な方法は汗を蒸発させることです。しかし、汗をかけば体内の水が出ていきます。したがって、砂漠のように乾燥して暑い環境でヒトが

表2　砂漠の昼の暑さと夜の寒さに適応するためにほ乳類が進化させたしくみ

・昼の暑さと夜の寒さをふせぐ厚い被毛
・暑いときに唾液を体表にぬって、唾液が蒸発するときの気化熱として熱を捨てる
・水の気化熱を利用して熱をすてる発汗
・昼は体温を上昇させ、その熱を夜の体温維持に利用し、明け方の寒いときには無理に体温を維持しない
・暑い時のイヌのように、ハァハァ息をして、その時の呼吸器からの水の蒸発で体温をさげるパンティング
・日陰や地中ににげこむ行動

暮らすためには、水の経済が決定的に重要です。

ヒトが飲食物からどれだけ水を手にいれられるかは、食物の水分量や、どれだけ飲料水を手に入れられるかで決まります。ところが、砂漠では通常以上に水分の多い食物はありませんし、大量に水を手にいれるのは困難です。ですから、ヒトが水不足に対処するには、出ていく水を節約するしかありません。

私たちの体から水が出ていく主な経路は尿、汗、呼気です。したがって、ヒトが水を節約するとすれば、尿や汗の量を減らすか、呼気に出ていく水を減らすしかありません。

ヒトの体から出ていく水——尿や汗、体温調節、腎臓から尿に出ていく水

何世紀にもわたって砂漠で遊牧生活をしてきたヨルダ

ンのベドウィンの人たちでも尿の濃縮力がとくに高いということはなくて、血液の二倍程度にしか尿を濃縮できません。また、尿の濃縮能力は遊牧をしているベドウィンと東ヨーロッパからの移民の二代目であるユダヤ人の学生で差がありません。つまり、ヒトは砂漠で何世代と生きてきても、腎臓から尿に出ていく水を節約する能力は獲得しなかったのです。

私たちの体の表面の温度（摂氏三二度）くらいの水一ミリリットルを蒸発させると五八〇カロリーの熱が奪われます。私たちの体の温度を摂氏一度上昇あるいは下降させるための熱量を体重一グラムあたり一カロリーと少し大胆に仮定しましょう。すると、体重六〇キログラム（＝六万グラム）の人の体温を摂氏一度下げるためには、六万割る五八〇で、約一〇〇グラム、すなわち一〇〇ミリリットル（コップ半分程度）の水を蒸発させればよいことになります。

ヒトが暑さにたいしてきわめて高い対処能力をもっている一番の理由は、全身に発達している汗腺《かんせん》から大量の汗をかくことができるからです。

ヒトの体の表面の毛のない部分にエクリン汗腺というサラサラの汗をだす汗腺がびっしりとあります。太ももの皮ふでは一センチ角あたりに五二個、腕の内側で二四〇個と、ほ

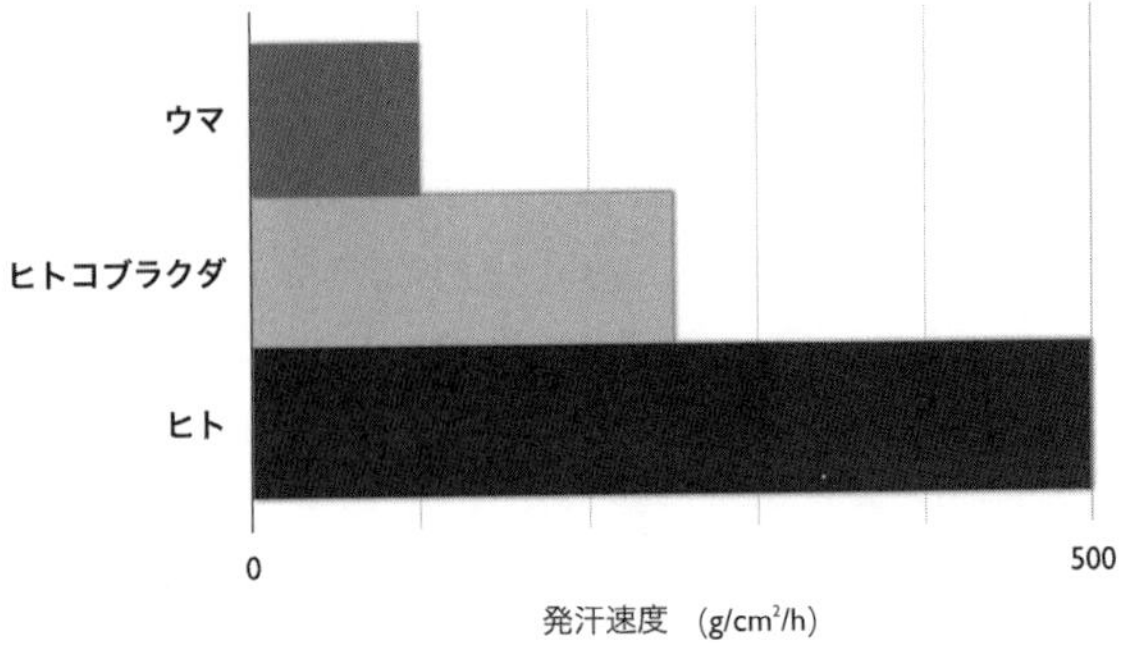

図9　ウマ、ヒトコブラクダ、ヒトの発汗速度〔Hanna and Brown (1983) のデータから作図〕

かのどのほ乳類よりも多いのです。汗をかく速度を比べると、一平方センチメートルあたりで、ウマの一〇〇グラム、ラクダの二五〇グラムに比べて、ヒトでは五〇〇グラム以上と抜群に多いのです(図9)。

このように、ヒトは汗腺がある部分が広いうえに、面積あたりの汗をだす量も多いので、汗を使って熱をすてる能力が抜群に高いといえます。しかし、気温の高いところでは体表からどんどん水を失う生物だともいえます。

いつも運動をしている人だと、一時間に二リットルのペースで汗をかきつづけられます。これは一時間に一二〇〇キロカロリーの熱量をすてられるということです。あるいは、フルマラソンを二時間一三分で走るという激しい運動をしても、発生した熱をすべてすてて、体温が上がらないようにできるということです。短時間であれば、一時間に四リットルも汗をかくことができます。すなわち、私たちがどれほど激しい運動をしても、汗によって熱をすてる能力のほうが身体活動で発生する熱量をうわまわっていることになります。

残念ながらヒトにはラクダの胃のような水の貯蔵装置がありません。また、ヒトは体の水分の三パーセント以上、つまり体重六〇キロの人であれば二リットル水を失うと問題がおこります。したがって、長時間にわたって労働や運動をするときには持続的に水を補給する必要があります。マラソンで給水が大きな意味を持つ理由でもあります。

ただし、ヒトが一度に飲めるのはせいぜい一リットルくらいで、これは激しい運動で一時間に失う水の量には足りません。ラクダほどの一気飲みをできるようにはなっていないのです。

アメリカのマスターソンの研究グループは、合衆国海兵隊の一九歳から二五歳の志願者五〇名をえらんで、長袖のフル装備で平均最高気温摂氏四一度、湿度二九パーセントという高温かつ低湿度の砂漠で三～四週間活動させました。この間、兵士たちは背中のタンクに入れたスポーツ飲料をすきなだけ摂取しました。

その結果によると、平均体重七七キログラムの兵士たちは平均で毎日一七リットルの水を飲んだそうです。このときの毎日の平均尿量は四七〇ミリリットルでした。飲んだ水の量から尿の水の量をひいて、一日あたり一六・五リットルの汗をかいていたことになります。

これは高温のところで活発に活動すると、一日に体重の二割以上の量の汗をかく、すなわち体重の二割以上の水を補給しないと生きていけないことを示しています。このように、砂漠でどのくらい激しくヒトが活動できるかは、水の補給によって大きく制約されることになります。つまり、毎日一七リットル（灯油を入れるポリタンクほぼいっぱい）の水を補給しなければ、こうした環境で兵士たちは活動をつづけられないということです。

この結果からも、ヒトは暑さや強度の労働による熱を汗によって捨てる能力は優れていますが、その代償として大量の水を失うことがわかります。このように、ヒトは暑さには強いが、水の欠乏にはけっして強くないのです。

文化による水の節約――ヒトが作る穴、それは住居と衣服

ひょっとするとヒトは穴の中で暮らす最大のほ乳類かもしれません。中国の黄土高原の人々は砂岩のやわらかい岩壁に大きな横穴をほって家を作り、その中で暮らしています。

北アフリカのチュニジアでは、地面に大きな立て穴を掘り、そこから横穴をほって家にすることもあります。ハムスターと同じで、穴の中で暮らせば、昼の暑さや夜の寒さをさけることができ、そうすればエネルギー消費をおさえられます。その結果、呼吸数が減りますから、呼吸による水の蒸発をさけることができますし、昼のあいだの汗による水の損失をおさえることもできます。

暑い砂漠に暮らす人々は長袖で裾が長い、ゆったりした作りの毛織りの服を着ることが多く、頭から布をかぶることも多いようです。こうした服は太陽や地表からの照り返しの放射熱をふせぎ、外気から熱が伝わるのもふせぎます。

外気温よりも低い気温の空気の層を体と衣服のあいだにつくれば、体は衣服の下の「微小環境」との熱交換に対処すればよいので、裸で炎天下にいるよりも、発汗によって熱をすてる必要がずっと少なくなります。これによって、発汗による水の損失を大幅に減らせることになります。一方で、夜の寒さに対しては、衣服が体に密着するような着方をすれば、衣服と体のあいだの空気層の体積が減って、この空気層だけを暖めればよいことになりますから、発熱のためのエネルギーを節約できます。

砂漠での暮らしをささえるラクダ

砂漠への進出を支えたラクダの毛

家畜をおって移動する「遊牧」という暮らしかたは、植物がまばらにしか生えていない砂漠やその周辺のヒトにとって数少ない選択肢の一つですが、遊牧民は何日もかかって長い距離を移動することも多いのです。こうした暮らしでは、日干しれんがの家や、横穴をほりぬいた家を運ぶわけにもいかないので、家畜の毛でつくったテントを使いながら、携帯小型テントともいうべき毛織りのゆったりした衣服のなかで暮らすことになります。

このように考えますと、ヒトが砂漠に進出できたのには、テントや衣服という移動可能なシェルターの発達が不可欠で、その材料となる畜毛、特に乾燥地の大型家畜であるラクダの毛の利用技術が大きな意味をもっていたのです。

ラクダを脱塩装置として利用する

砂漠で暮らす人々が見つけた生存戦術のひとつに家畜、特にラクダの乳や血液を飲むという方法があります。砂漠は水がとぼしいだけでなく、水場の多くは塩分が高いのですが、塩分が高すぎる水をヒトが飲むと、塩分を排出するために必要な水のほうが飲んだ水よりも多くなって、脱水してしまいます。ところが、ラクダはヒトが飲めないような塩分が高い水を飲んでも生きていくことができます。

　いっぽうで、ラクダの乳や血液の塩分はヒトの血液とほぼ同じです。したがって、ヒトがラクダの乳や血液を飲むということは、ヒトにはとても飲めないような塩分の高い水をラクダが飲み、ラクダがつくった塩分の低い乳や血液をヒトが飲むことによって、水を吸収するということになります。いいかえれば、ヒトはラクダを脱塩装置として使っているのです。

　また、ラクダは泌乳期間が長く、乾燥地でも手にはいりやすい木の葉を食べて生きていくことができるので、ラクダの乳や血液は乾期の砂漠でも手にいれられるタンパク質やビタミン、ミネラルを十分に含んだ貴重な食品ということになります。


　このように、ラクダは砂漠のような乾燥地では重要な家畜です。最大で乳を毎日二五キログラム、つまり一リットルパックにして二五本分生産します。と殺すれば一頭あたり二〇〇から三五〇キログラムの肉ができます。

　ケニアなどの遊牧民は、ラクダの血管に切れ目をつけて、血液を飲むことがあります。乳は仔を産んだメスからしかとれませんが、血液はオスからでも、年をとった動物からでもとれますから、都合が良いのです。大人のラクダからは血液を毎月五リットルとることができます。

ラクダは羊の一〇倍以上の体重がある大きな動物ですから、一頭で毎年最大で一・五キログラムも毛がとれます。乾燥地でとれる布の原料は動物の毛だけですから、ラクダの毛は貴重です。

乾燥地では燃料を見つけることも簡単ではありません。木は少ないですし、まばらです。トゲのある木も多いので、たきぎを集めるのはたいへんです。そこで、乾燥地の人々は乾かしたラクダや羊のフンなどを燃料に使います。ラクダは大きいですから、フンの量も多くて、燃料としては重要です。

また、ラクダは重い荷物を背中にのせて遠くまで運ぶことができるので、砂漠をよこぎって荷物を運ぶ隊商や軍隊の移動によく使われました。たとえば、二〇〇キログラムの荷物を背中にのせて時速二～三キロメートルでずっと歩くことができますし、人が乗る場合には毎日六五～八〇キロメートル、一日だけなら一四〇キロメートル以上進むことができます。

このように、砂漠で暮らす人々は、水や食物、テントや衣服、さらに移動の手段もラクダに頼っていることになります。同時に、サハラ砂漠で遊牧生活をしているベドウィンは、調理に塩を使わなかったり、砂漠を横断するときには無塩バター、干したナツメヤシの実、塩を使わないでつくった乾燥肉、穀類、砂糖といった塩分がきわめて低い食物を使うことによって、尿への水分排泄を少なくするという文化も発達させています。

ラクダの利用法——降雨量とラクダ飼育の関係

乾燥地の人々にとってラクダは決定的に重要な家畜ですが、ラクダを多く飼っている国はアフリカ大陸やユーラシア大陸にあるサハラ砂漠やアラビアの砂漠、ゴビ砂漠などの砂漠や乾燥地帯がある国です（図1）。国ごとのデータなのでロシアや中国は降雨量が多いように見えますが、実際にラクダがいるのはこれらの国の中でも乾燥している地域です。ですから、ラクダを多く飼っているのは降雨量が少ないところだといってよいでしょう。

ラクダの頭数　国連の食糧農業機関の統計（ＦＡＯＳＴＡＴ）によると、世界中でおよそ二七〇〇万頭のラクダがいます。国別に見るとソマリアが一番多くて七一〇万頭、ついでスーダン四八〇万頭、ケニア三一〇万頭と東アフリカの国々で多いことがわかります（図

4）。

次に、人々の暮らしにとってラクダがどのくらい重要かを考えるために、同じ統計を使って人口あたりのラクダの数を計算してみました（図10）。すると、ソマリアが人口一〇〇〇人あたり六九一頭と最も多く、ついでモーリタニア三八七頭、西サハラ二〇〇頭、スーダン一二四頭、チャド一一四頭、モンゴル一一二頭の順でした。かりに一世帯五人とすると、ソマリアでは平均でも一世帯で三五頭、モーリタニアで二〇頭、西サハラで一〇頭飼っている計算になります。もちろん、ラクダ飼育とは関係ない人たちもたくさんいるので、実際にはもっとたくさん飼っていることになります。これら東アフリカやサハラ南部の国、またモンゴルでは、人々の暮らしにラクダが大きく関わっていることがわかります。歴史的に見ると、二〇世紀後半に西サハラやモーリタニアといった西アフリカのラクダが増加していることが目立ちます。

ラクダ利用法の類型　世界全体でみると、ラクダの一番の用途は乳生産で、つぎが肉生産、三番目が労働力としての利用（役用）ですが、地域によって個性があります。私が勤めていたハノーバー獣医大学出身のケーラー・ロレフソン博士はラクダの利用のしかたを三つ

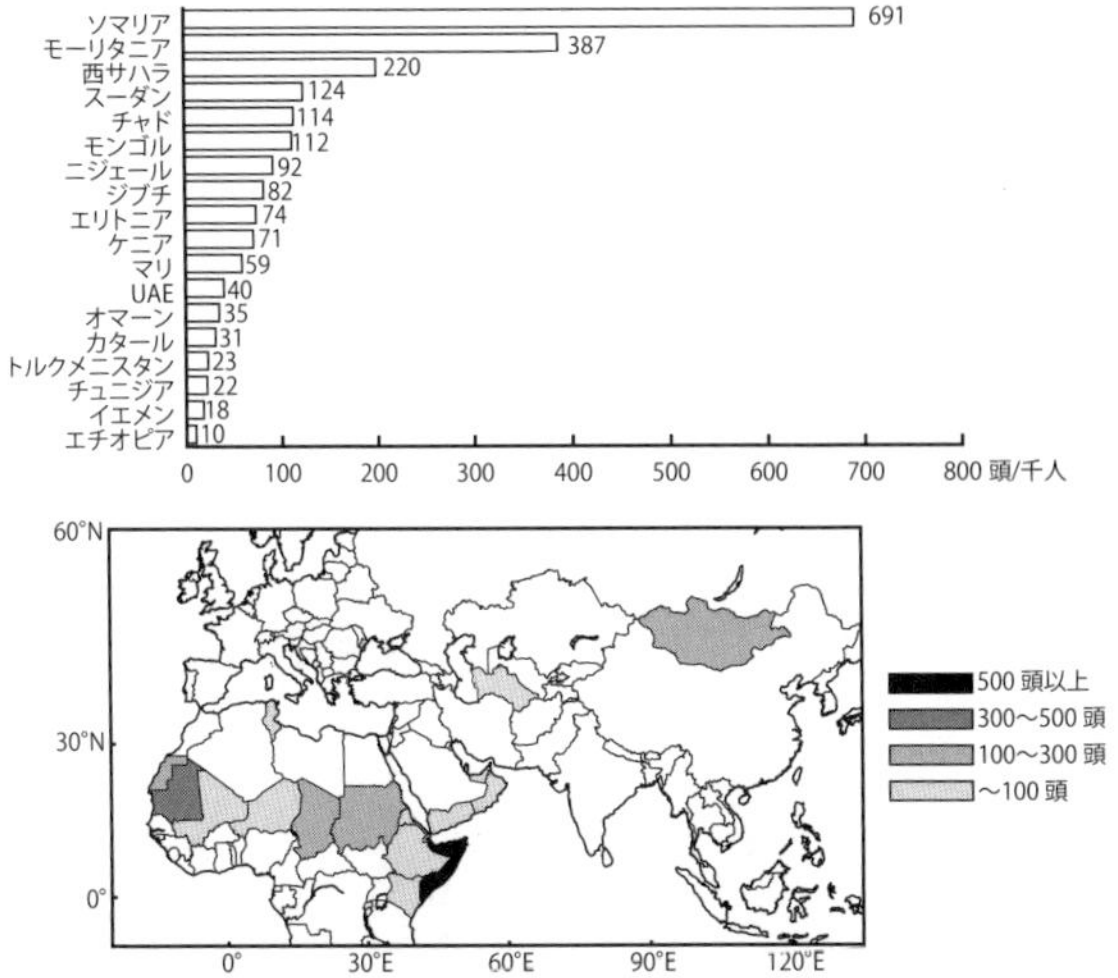

図10　2013年の人口千人当たりのラクダの飼養頭数（FAOSTAT、FAO のデータをもとに作図）

の類型に分類しています。

類型一は、ソマリアやケニアでみられるような生存指向のラクダ利用です。ここでは、乳利用に特化していて、ラクダ乳が食糧として決定的に重要で、ソマリアではタンパク質摂取の四分の一がラクダ乳からです。また、ラクダの血液を利用することも特徴です。ラクダに乗ることはありませんが、荷物を背中にのせて運ばせる運搬用や肉の生産にはある程度利用します。

類型二は、アラビア半島のベドウインや北アフリカのアラブ系遊牧民に見られるもので、さまざまな用途

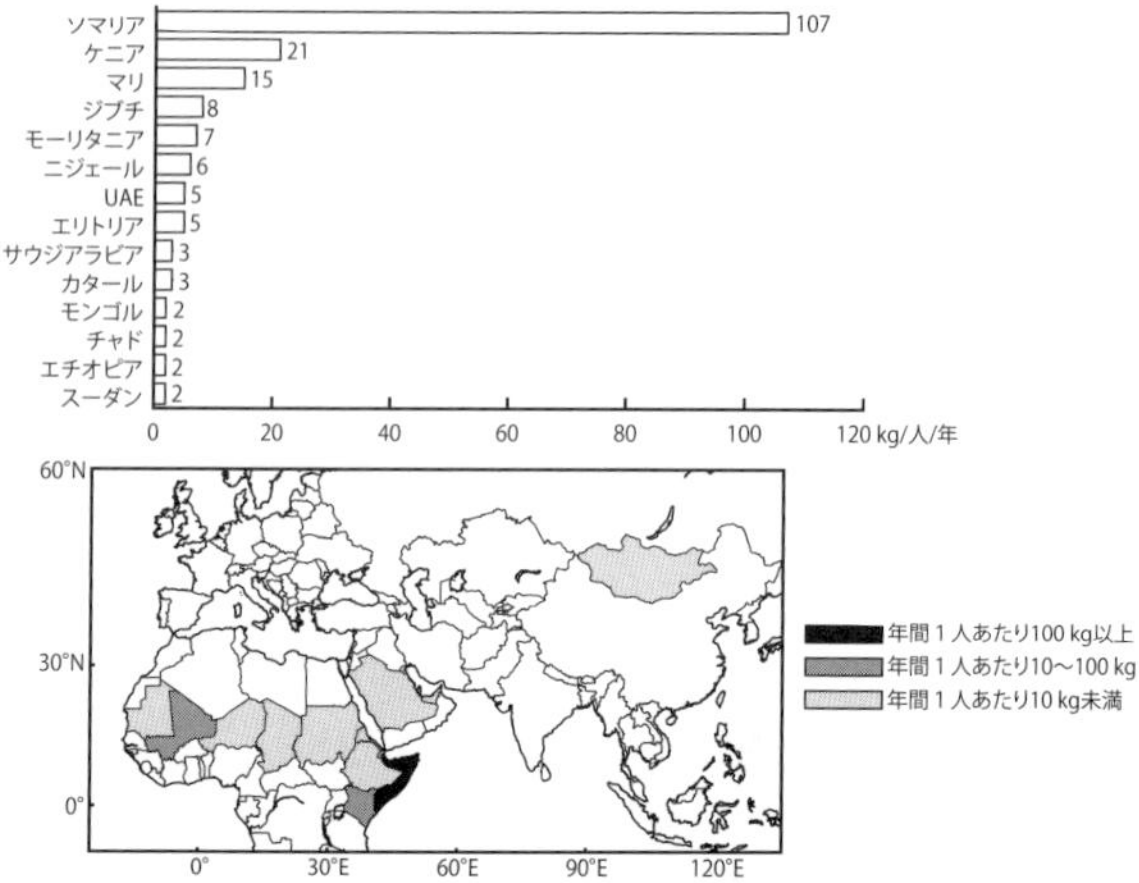

図11　2013年の人口一人当たりのラクダ乳生産量（FAOSTAT、FAOのデータをもとに作図）

にラクダを利用します。ラクダ乳も利用しますが、ラクダ乳の重要性は高くありません。近年では輸送用のラクダが激減し、都市の貧しい人たちのためのラクダ肉の生産がふえています。

　類型三はインドからイランにかけてのアジアに見られるもので、ラクダのほとんどが輸送にもちいられています。インドのラジャスタン地方に暮らすライカの人々やインダス川デルタのジャトの人々をのぞけば、ラクダを主な家畜としている遊牧民はいません。こうした地域の中にはラクダの乳やとくに肉を食べることがタブーになっているところもあります。

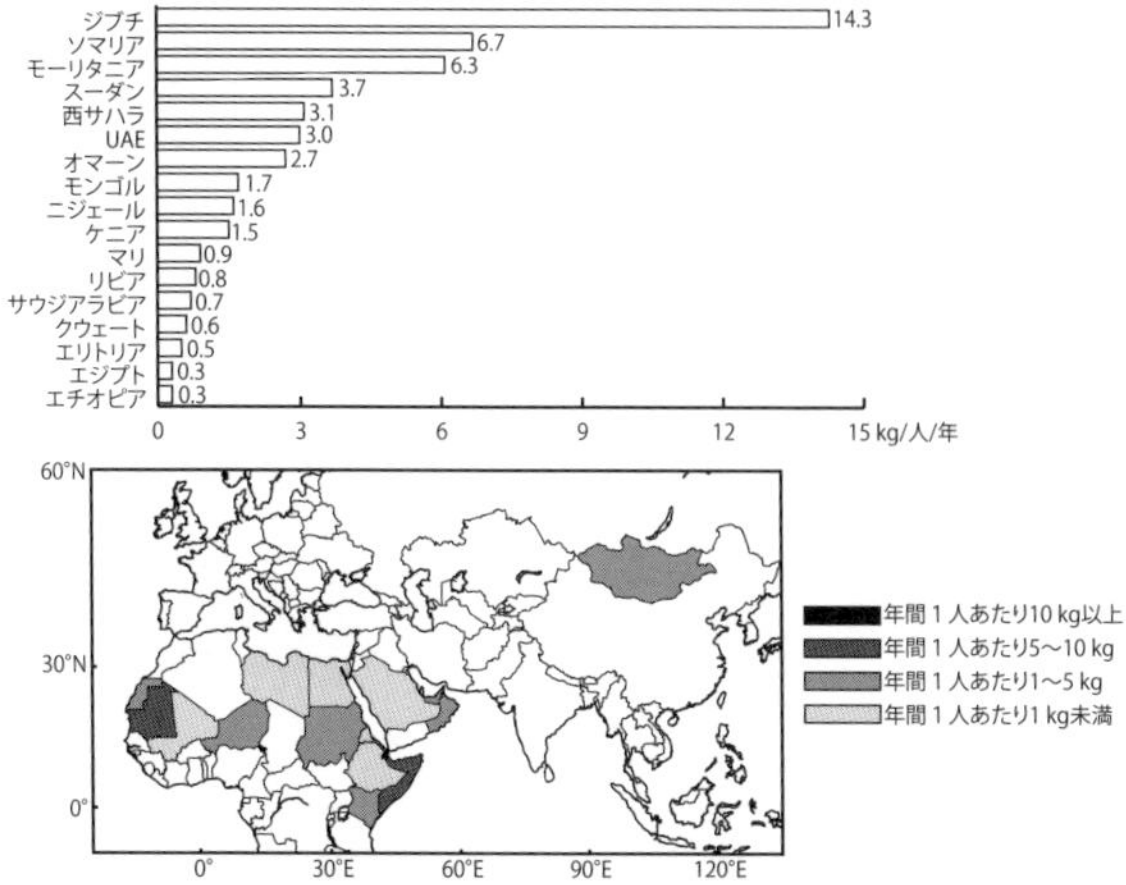

図12　2013年の人口一人当たりのラクダ肉生産量（FAOSTAT、FAOのデータをもとに作図）

国別の乳肉生産　ラクダの乳や肉が各地の人々の暮らしにどれほど重要なのかを考えるために、各国の二〇一三年の一人当たりのラクダ乳（図11）とラクダ肉（図12）の生産量を計算してみました。

まず乳生産ですが、ソマリアがとびぬけて多く、一人あたり年間一〇七キログラムです。一日あたりだと約三〇〇グラムですから、老若男女すべてが、毎日マグカップ一杯分のラクダ乳を利用していることになります。ついで、ケニアの年間一人当たり二一キログラム、以下マリ、ジブチ、モーリタニアと東アフリカや西アフリカの国々がならびますが、アラブ首長国連邦やサウジアラビア、カタールといった中東・ペルシャ湾岸の国々、モンゴルでもある程度のラクダ乳が生産されています。いっぽうで、ラクダの飼育頭数が世界第二位のスーダンでは年間一人当たり二キログラムと少ないことがめだちます。

こうした国々では、ラクダ乳はほとんどが生乳あるいは酸乳として利用されています。また、アラブ首長国連邦などではラクダ乳を使ったミルクチョコレートやラクダ乳の粉乳が生産されています。これは牛乳アレルギーをもつ人のための商品で、ヨーロッパなどにも輸出されています。

次に肉生産をながめてみますと、いちばん多いのは紅海に面したジブチの年間一人当たり一四キログラムです。ついで、ソマリア、モーリタニア、スーダン、西サハラと東アフリカや西アフリカの国々がつづき、さらにペルシャ湾岸諸国やモンゴルがつづきます。

いずれにしても、一人あたりの肉生産は乳生産に比べてずっと少なく、人々の栄養にとっての重要性も乳ほどではありません。また、ラクダ乳の価格が牛乳などの他の家畜の乳よりも高い国が多いのに比べて、ラクダ肉の価格は他の家畜の肉よりもかなり低い国が多く、ラクダ肉があまり高く評価されていないことがわかります。

おわりに――ラクダを多面的に活用するという文化

ここまでみてきたように、ラクダはアジアやアフリカの乾燥地の人々に衣食住のすべてや、さらには燃料や移動手段を供給してきました。見方をかえますと、ラクダを家畜化して利用するという文化をつくりださなければ、ヒトが砂漠に進出することは難しかったのではないでしょうか。したがって、アジアやアフリカの乾燥地では、「ラクダをたくさんもっていると安心できる」と考える人が多く、ラクダは経済的な価値をこえた資産としての意味をもっています。

謝辞

この講は学術振興会科学研究費（研究課題番号二一二二一〇一一、二五二五七〇〇六、二〇一七〇九五四）および総合地球環境学研究所プロジェクト「アラブ社会におけるなりわい生態系の研究　ポスト石油時代に向けて」による研究成果をまとめたものです。

Topic 3

南米アンデスにおけるラクダ科動物

鳥塚あゆち

アルパカという動物は、ここ数年で日本でも知名度が急上昇しました。でも、それが何の仲間か知らない人は意外と多いでしょう。一五〜一六世紀にアメリカ大陸に進出したスペイン人たちは多くの記録を残し、初めて見るこの動物を「ヒツジに似た動物」と記していますが、アルパカはラクダの仲間です。

ラクダの祖先は北米で誕生しました。約三〇〇万年前に陸化していたベーリング海峡を通りユーラシア大陸に渡ったものが、ヒトコブラクダとフタコブラクダの祖先種でした。一方、南下して南米大陸に移動したものがアルパカの祖先です。ラクダと聞くと砂漠が連想されるかもしれませんが、南米のラクダは砂漠ではなく、豊富な牧草と水に恵まれ外敵の少なかったアンデス高地に適応し、そこに住処を得ました。

南米のラクダ科動物には家畜種のアルパカ（図1）とリャマ（図2）、野生種のグアナコとビクーニャの四種が存在します。アルパカとリャマは、紀元前四〇〇〇年から三五〇〇年の間に家畜化されたと考えられていますが、近年の遺伝的研究から、グアナコとリャマ、ビクーニャとアルパカが互いに近縁であることがわかってきました。四種は互い

図1　アルパカ

図2　リャマ

に交雑が可能で、生まれた交雑種にも繁殖能力がありますが、これは特異なことです。リャマは標高の低い場所でも繁殖しますが、アルパカはより高地に適応したため、標高三〇〇〇メートル以上の冷涼な高地に棲息しています。

アルパカやリャマはラクダの仲間ですが、背中に瘤《こぶ》はありません。リャマは四種のなかで最も大きく地面から肩までの体高はおおよそ九〇～一二五センチ、アルパカは八〇～九〇センチで、旧大陸のラクダよりも小柄です。アルパカは毛の量が豊富で、柔らかく品質も優れています。

アルパカとリャマは、現在も標高四〇〇〇メートル以上の高地で牧畜民によって飼育され、さまざまな方法で利用されています。南米には大型の哺乳類が少なかったため、古代よりラクダ科動物の肉は重要なタンパク源として利用されてきました。肉だけではなく血や内臓も重要な食料です。毛皮も敷物となり、皮は皮紐にして、また骨も織りの道具として利用されています。脂肪はロウソクの代わりに灯りとりとして使われ、儀礼を行う呪術師に売られることもあります。このように、日常生活の必要性から屠殺されることもありますし、また、儀礼において神への捧げ物となることもあります。また糞も燃料として使用されています。

特に重要なのは、毛の利用と役畜としての利用です。牧畜民自身が使う織物の材料になることもありますが、特にアルパカの毛はその品質の高さから市場価値も高く、重要な現金収入源となっています。また去勢されたリャマのオスに特化した利用に、荷物を運ぶ荷駄獣としての役割があります。リャマやアルパカが飼われている地域は、標高が高いため農作物を作ることはできません。食料となるジャガイモやトウモロコシを得るためには、荷運びをして収穫を手伝うリャマの存在が不可欠でしたが、近年では交通が発達してその役割を減じてきています。このように、アンデスの人々は家畜を最大限に利用していますが、乳の利用も騎乗用としての利用も行われてきませんでした。

北米で生まれたラクダは砂漠と高地に適応していきました。南米では四〇〇〇メートル以上の高地でも人々は生活しています。厳しい環境下で人々が生きていけるのは、ひとえにアルパカやリャマがいるからです。近年では世界的な環境変動による雪害で家畜が大量死することもあります。また貨幣経済の影響で、家畜の飼い方も変わってきています。変化する自然環境や周辺の社会とどのように付き合い家畜を管理していくのか、その方法が模索されています。

Topic 4

誰の視点から歴史を見るか
――スペイン領アメリカにおける支配者と被支配者、征服者と被征服者

井上幸孝

本書では人間と自然のかかわりを主題として扱っていますが、過去の人間活動に目を向けるとき、避けて通れないのがどういう視点で物事を見ようとするかという問題です。具体的には、どういう観点に立って問題設定をするのか、過去に関する情報（歴史学で言うところの史料）をどう理解し解釈するのかの二点がとりわけ大事になってきます。

近年、「正しい歴史認識」という言葉をよく耳にしますが、それを聞くたびに私は何とも奇妙な感じがします。歴史学者がそうした「正しい認識」を世間に提示で

きるのかと言われれば、その答えはノーだと思うからです。私たち歴史研究者も二一世紀初頭の日本で研究活動を行い、特定の地域や時代を専門としている以上、他国や全人類に納得してもらえるような普遍的な「正しさ」を持った歴史の見方を提示できるというのは幻想にすぎないでしょう。また、もし仮に「正しい」歴史認識の話をするのであれば、「誰にとって正しいのか」、「誰の認識なのか」を明確にしなければなりません。

コロン（コロンブス）の航海（一四九二年）を皮切りに、スペインが一六世紀にかけてアメリカ大陸各地を征服し、植民地化したことはよく知られています。世界史年表には「一五二一年、コルテスによるアステカ王国征服」という出来事がありますが、ここでは、その実情とその後の経緯を例にして、歴史の認識方法を考えてみたいと思います。

五〇〇名ほどの兵士を率い、一五一九年に現在のメキシコに上陸したスペイン人征服者コルテスは、およそ二年の歳月をかけてアステカ王国の征服を行いました。その間、実際にはさまざまな経緯があって、ある戦闘（一五二〇年六月三〇日から翌日にかけての「悲しき夜」）では、コルテス軍は約半数が殺され、大敗北を喫し

出典 *Lienzo de Tlaxcala*, Texto de Alfredo Chavero, México, Editorial Cosmos, 1979, lám. 42.

図　テノチティトランに攻め込むスペイン人とインディオの連合軍

ています（ちなみに、先住民側の視点からは「悲しき夜」を「大勝利の夜」と呼ぶ人もいます）。第1講で触れたJ・ダイアモンドの『銃・病原菌・鉄』では、ほぼ同時代のインカ征服の例が挙げられ、西洋側の技術的優位が強調されていますが、実態としては、このコルテスの敗北のようなことも十分に起こりえたのです。

では、アステカ王国征服が成し遂げられた要因はどこにあったのでしょうか。複合的に諸要因が絡み合っていたことは確かですが、スペイン人が「友好的インディオ」と呼んだ、先住民同盟諸都市の協力がなければ、おそらくはアステカ征服は実現しなかったと思われます。トラスカラという地方の先住民集団がコルテス軍に多大な協力をしたことはよく知られていますが、ほかにもそうした「同盟者」がたくさんいました。「アステカ王国」というのは、実際には三つの都市国家の同盟を基盤にしており、単独の王や皇帝はいなかったのですが、その同盟都市の内部からもコルテス軍に与する集団が現れ、最終的に三カ月ほどの包囲戦の末、一五二一年八月にテノチティトランは陥落しました。

かつてアステカ征服史は、西洋人の史料に基づいた視点で研究されていました。ところが、二〇世紀半ばに「敗者の視点」を唱える研究者が現れ、先住民の史料から出来事やその解釈を見直そうという研究がなされました。つまりは、従来と全く正反対の「歴史認識」の存在が示唆されたわけで、このような視点の提示は実にセンセーショナルなものでした。

とはいえ、右に述べたように「先住民＝敗者」とは限らなかったのです。コルテスをはじめとするスペイン人と同じように、堂々と勝者であると自己認識していた先住民集団も多く存在しました。こうした事実を踏まえ、ここ一〇年ほどの最新の研究動向では、スペイン人征服者に加えて「インディオ征服者」の存在がクローズアップされるようになりました。アステカ征服の戦いはもちろんのこと、それ以外のスペイン側の征服活動にも彼らは積極的に従事しました。アステカ王国を征服しても、その周囲には高文明をもつ地域や王国が広がっていました。たとえば、マヤの王国が栄えていたグアテマラや同地域から先の中米各地へは、メキシコ征服直後から遠征隊が派遣され、征服活動が展開されました。これらの活動はスペイン人だけによって成し遂げられたのではなく、インディオである征服者たちの活躍が大きな役割を果たしたのです。

このように、アメリカ大陸征服に関する研究では、「スペイン人＝勝者」、「インディオ（先住民）＝敗者」という単純な図式が成り立たないことがわかってきています。勝者となったスペイン人の見方、敗者となった先住民の見方、スペイン軍と協力して勝者となった先住民の見方、どこに立ち位置を置くかで歴史の認識方法はまったく異なってしまいます。

このように、歴史認識は多様でありうるということを念頭に置いておかねばなりません。さもなければ、私たちは過去に人類が犯してきた過ち（たとえば、自分たちが知らなかっただけの土地を「発見」したと表現した西欧人のように）を繰り返し、自分たちにとって「正しい」歴史観を他者に強要することになってしまうのではないでしょうか。

第5講

モノ・カネ・人そして病原体の移動

——国際経済と疫病の世界史

永島　剛

「コロンブス交換」とは

この講では、経済の歴史とくに国際経済の展開と、自然環境の歴史とが交錯する領域のひとつとして、疫病すなわち感染症の流行を考えてみたいと思います。

「経済」にはいろいろな定義のしかたがありえますが、ここではひとまず簡単に「モノ、カネ、およびそれらと連動した人の動き」としておきましょう。これが国境を越えて生起する場合、「国際経済」です。歴史をさかのぼると、今日のような主権国家間の明確な国境線が確立していたわけではないので留意が必要ですが、ここでは複数の国・地域間にまたがる動きを「国際」と表現することにしましょう。

高校で学ぶ世界史の教科書にも、国際経済の歴史に関連する記述は随所にみられます。たとえば、一五世紀末の大航海時代の幕開けとともに、ヨーロッパ人の商業活動がアジアやアフリカ、そしてアメリカを含む地球規模に拡大したことを表す用語として、「商業革命」があります。クリストファー・コロンブス（クリストバル・コロン）ら探検家たちによって「発見」された「新大陸」、すなわちアメリカ大陸からは、砂糖やジャガイモ、トウモロコシなど、さまざまなモノが大西洋をこえ、ヨーロッパへ輸入されました。

貴金属の銀も、アメリカ大陸からヨーロッパへ持ち帰られました。一六世紀、この銀で鋳造された銀貨が大量に出回ったことが貨幣経済の活性化をもたらし、ヨーロッパ各地でインフレ（物価上昇）を引き起こしたともいわれます。このインフレがどれほどアメリカからの銀流入に因るのかについては異論もあるのですが、世界史の教科書ではこれを「価格革命」とよんでいます。ヨーロッパ商人たちによって、銀貨はアジアにも持ち込まれ、絹などアジアの特産品との交換に使われました。

そして「人」も動きました。アメリカ大陸の各地では、ヨーロッパ人たちによるプランテーション（大規模農場経営）が広まり、ポトシ銀山（現ボリビア領）をはじめとする鉱山開発も進められました。これらの生産の現場での苛酷な労働を担った人々のなかには、現地の人々だけでなく、アフリカから連れてこられた奴隷たちも含まれていました。

こうした奴隷貿易の存在からも想像されるように、国際経済は、けっして対等で公正な取引だけではなく、強者と弱者の力関係が作用しながら現実には展開してきました。一六世紀、ラテンアメリカの多くの場所で支配者となったのは、大航海時代を主導したスペイン人たちでした。彼らにとっては未知の土地で、スペイン人たちはいかにして支配者となることができたのでしょうか。たとえば、現ペルーの地を中心に強大な勢力を誇ったインカ帝国は、一五三三年、フランシスコ・ピサロが率いる二〇〇人ほどのスペイン人たちによって滅亡させられました。インカ帝国にくらべスペインが軍事面で圧倒的に優れていたということなのでしょうか。かりにそうだとして、そのような少人数で、帝国を滅ぼすことまではできたとしても、その後いかにして統治を維持できたのかは疑問にも思われます。

これについては、研究者たちによってひとつの解答が出されています。それは、統治確立が、けっしてスペイン人たちのみの、というか人間たちの力だけで可能だったわけではなさそうだということです。ここで登場するのが病原体、すなわち感染症を引き起こす微生物たちです。

一六世紀から一七世紀にかけて、ラテンアメリカで先住民の人口が激減したことが史料から推測されています。状況的に、感染症流行による大量死亡が考えられます。疫病が先住民による力を弱め征服を容易にした、つまり病原体がスペイン人たちの統治の確立を助けたというわけです。

この疫病とはおそらく、スペイン人を含めユーラシアからやってきた人々を介して伝播した、天然痘や麻疹などではなかったかといわれています。これらの感染症は、ユーラシア大陸ではすでに数世紀にわたって流行を繰り返していたので、免疫を獲得している人も多かったと考えられます。たとえば日本史に詳しい方なら、奈良時代の天然痘流行が大仏建立の背景の一つだったことをご記憶かと思います。ユーラシア東端の島国である日本にも、古代には天然痘が伝播していました。

しかし大航海時代以前のアメリカ大陸には、これらの病気が存在しておらず、先住民は免疫をもっていなかったのです。このため、スペイン人には感染しても比較的軽微で済む人も多かった一方で、先住民にはより深刻な被害を及ぼしたと考えられます。

つまり大航海時代の国際交易によって、天然痘ウイルスや麻疹ウイルスといった病原体もまた大西洋を越えて移動し、それがラテンアメリカの植民地化にも大きく影響したというわけです。逆にアメリカからユーラシアへは、梅毒の病原体がこの時期に持ち込まれたとする説もあります。歴史家アルフレッド・クロスビーは、コロンブスの航海以来、モノ・カネ・人のみならず病原体もが大西洋を行き交ったさまを「コロンブス交換（Columbian exchange)」とよんでいます。

この一六世紀ラテンアメリカでの出来事は、私たち人間の歴史が、病原体をはじめ人間以外の生物の動向にも左右されながら推移してきたことを象徴的にしめしています。本書の第1講で紹介されているジャレド・ダイアモンド『銃・病原菌・鉄』においても、詳しく考察されているところです（ダイアモンド　二〇一二）。

「マルサスの罠」の要因としての疫病

図1に紀元前からの世界人口の推移をしめしてみました。かなり間隔をおいた時点の推計値を線で結んでありますので、より短期の変動はわかりませんが、長期的な趨勢をつかむためのものとご理解ください。

この図をみてまず気づくことは、直近の二〇〇年ほどの人口の急増とくらべると、それ以前の人口増加はだいぶ緩やかであったということです。世界人口は二〇一一年に七〇億人を突破したといわれていますが、紀元前七〇〇〇年から六〇〇〇年頃までは五〇〇〇～一千万人、西暦元年で二～四億人、近代初期の一七五〇年でもまだ一〇億人には達していなかったとみられています。近代以前の地球環境にしめる人類の比重は、現代よりもだいぶ小さかったわけです。

人口増加が緩やかであったことからは、人類の生存条件がそれだけ厳しいものだったことも想像されます。生きていくためには食料が必要ですが、狩猟採集社会では、他の動植物の生態への依存度が高く、その動向に左右される生活でした。農耕・牧畜が始まると食

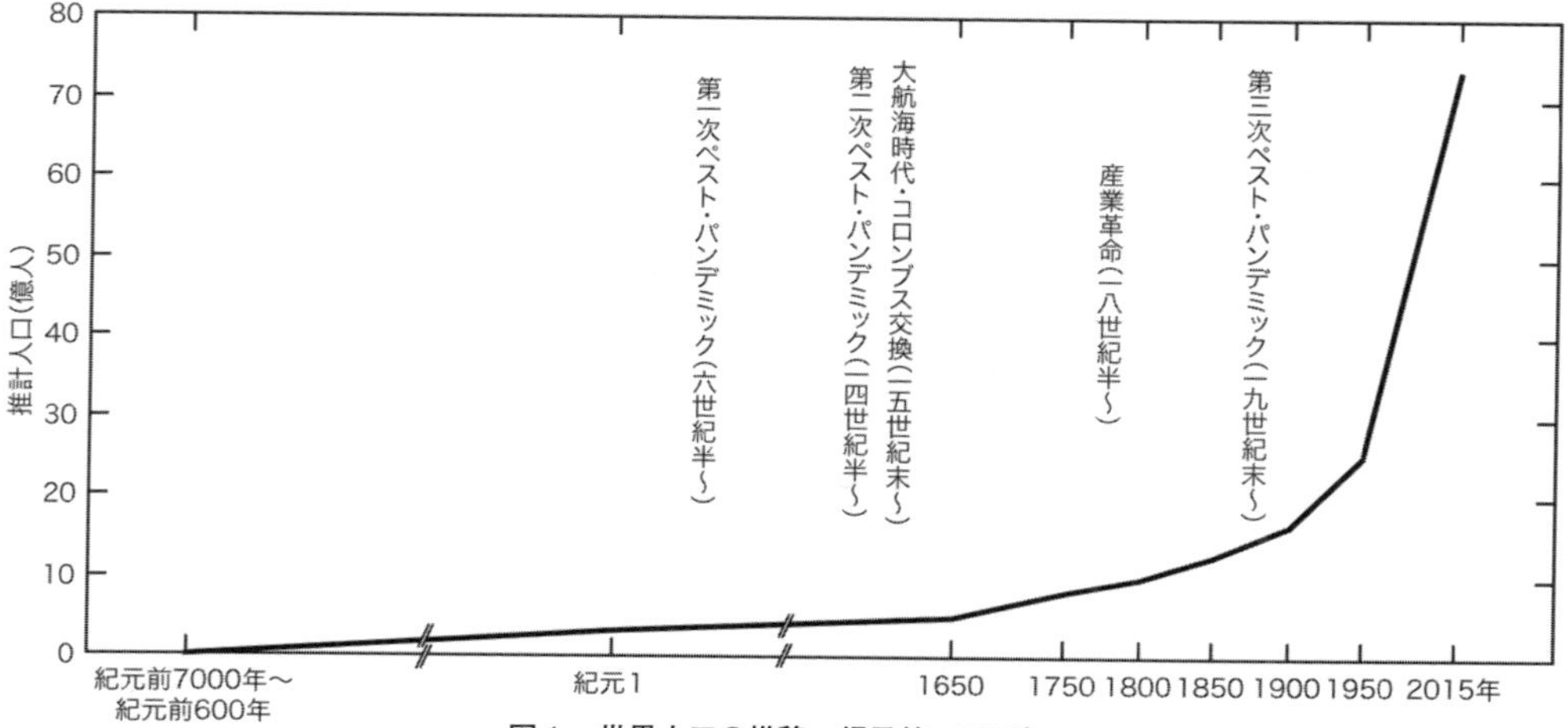

図１　世界人口の推移：紀元前〜2015年

（出典：国立社会保障・人口問題研究所「人口統計資料集（2015年版）」、http：//www.ipss.go.jp/syoushika/tohkei/Popular/Popular2015. asp?chap=0の表１−９をもとに作図。2016年６月１日閲覧。）

注：紀元前〜1990年については、上位推計と下位推計の平均値。

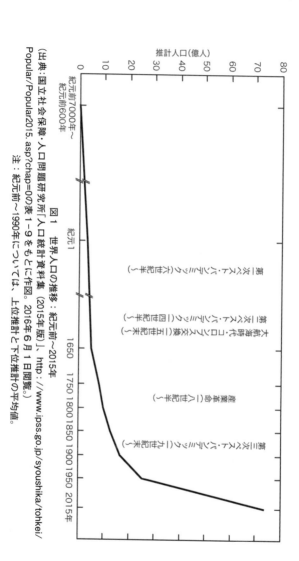

料供給は以前より安定化しますが、それでも自然条件の影響から逃れることができたわけではなく、不作によって食料不足に陥る頻度も高かったことが考えられます。生活の糧が稀少であると、それをめぐっての人間同士の争いが起きやすくなることもあります。また栄養状態が悪ければ、病気で命を落とすリスクも高くなるでしょう。

かりにいったん農業生産性の向上・生活の安定化により出生率が上向いて人口増加の兆しがあっても、天候不順による凶作や、戦乱、感染症の襲来などによってその兆しが潰えるなど、変動を繰り返していたことが考えられます。『人口論』(一七九八年)を著したイギリスの経済学者トマス・R・マルサスは、人口増加の抑制要因として、人間の予防的な出生抑制にくわえ、飢饉・戦争・疫病などによる高い死亡率をあげています(マルサス一九九二)。こうした人口抑制のあり方を、彼の名を冠して「マルサスの罠(Malthusian trap)」と呼ぶこともあります。

コロンブス交換期のラテンアメリカも、新たな病原体の侵入で強力化したマルサスの罠によって人口減少に陥ったとみなすことができます。死亡率に関連する主要な三つの人口抑制要因のうち、戦争は直接的には人間自身が起こすことですが、飢饉や疫病は、自然環境の作用を発端に人間社会に被害をもたらすものです。私たちが人間である以上、歴史の勉強において、人間の織りなしてきた出来事の意義を学ぶことが中心となるのは当然ではあるのですが、こうした人口の動向をみると、自然環境との関わりにおいて人間社会の歴史を見なおすことの重要性について考えさせられます。

これに関連して、歴史家ウィリアム・マクニールは、人間を含めた生物間の寄生関係から歴史を考えることを提案しています（マクニール　二〇〇七）。寄生とは「生物が、栄養の大部分や暮らしの場所を他の生物体（宿主《しゅくしゅ》）に一方的に依存して生活すること」（『広辞苑』岩波書店）です。

肉食動物が他の動物に栄養を依存することを、マクニールは「マクロ（巨視的な）寄生」とよんでいます。ライオンが草食動物を捕食したり、人間が狩りによって食料を獲得することなどがこれに含まれます。また人間同士においても、権力者が自らは農業労働に従事せず、生産物を農民たちから収奪するような行為も、マクニールはこのマクロ寄生に含めています。生物間の食物依存関係という視点から、人間と他動物とを連続的に位置づけているところが、マクニールの見方のおもしろいところです。

一方、人間同士の寄生関係はさておき、人類が他の動物からのマクロ寄生にさらされることは、人類史上の早い段階で稀になりました。今や人間がライオンや狼に捕食されることはめったにないでしょう。では人類は他生物に寄生されることがなくなったのかといえば、そうではありません。ここで問題となるのが「ミクロ（微視的な）寄生」です。ミクロ寄生生物の多くは、ウイルスや細菌などの微生物です。人体や他の生物の体に入り込み、そこで生存に必要な養分を摂取します。そのなかに、人体に入ったときに重い病気を引き起こす病原体も含まれます。マクニールの表現を借りれば、疫病とはおもにミクロ寄生の問題となるわけです。

微生物によって人体への侵入経路は異なります。たとえばコレラ菌・腸チフス菌・赤痢菌などは水・食物を介して口から消化器へ（経口感染）、天然痘ウイルス・麻疹ウイルス・インフルエンザウイルス・結核菌などは、上気道から呼吸器へと、人の発する飛沫を介して人体に侵入します（飛沫感染）。虫刺されや咬傷など皮膚から入り込むものとしては、デングウイルス（蚊媒介、デング熱）、狂犬病ウイルス（感染動物の咬傷、狂犬病）、そして後述するペスト菌（ノミ媒介、腺ペスト）などがあります。また梅毒スピロヘータやHIVウイルスなど性交渉の際に粘膜から侵入する場合もあります。二〇一四年に西アフリカを中心に大流行したエボラ出血熱を引き起こすエボラウイルスは、感染者の体液を介して、粘膜や傷口から介護者の体内に入り込むことで、伝播していったと考えられています。

感染症の流行は、こうした病原体に人体がどれだけ曝《さら》される環境にいるか、すなわち病原体への「曝露《ばくろ》」度の問題と、人体の病原体への「抵抗力」の両面から考える必要があります。たとえば、病原体の宿主・媒介者となる人間や動物が密集していたり、交流が頻繁になって接触の機会が増えれば、病原体の生息・伝播が容易な環境になりますから、それだけ曝露度が上がることになります。

そして、同等の曝露度のもとにおかれた人々の間でも、抵抗力の強弱によって病気への罹りやすさや症状の深刻度は変わってきます。抵抗力にはいろいろな要素が絡みますが、まず栄養状態の関与が考えられるでしょう。一般的には、栄養状態がよければ病気への抵抗力も強くなると考えられますが、病気によっては栄養状態は無関係の場合もありえます。抵抗力は総じて免疫、すなわち病原体またはその毒素にたいして生体がもつ抵抗性に関わる問題です。先天的に備わったものもあるし、感染の経験によって後天的に獲得されるものもあります。コロンブス交換期のラテンアメリカで、スペイン人入植者と先住民との明暗をわけたのも、この点が一因だったわけです。

このように感染症流行にはさまざまな要素が複雑に絡むことをふまえると、なぜ人類の歴史において長らく疫病が人口抑制要因となってきたのかについて、少し想像がつきやすくなるかもしれません。たとえば、農業生産性が向上して人々の栄養摂取が少しばかり改善しても、それだけではミクロ寄生から逃れることはできません。生産性の向上にともなって市場取引が活性化し、モノ・カネの交換とともに人の交流もさかんとなれば、むしろ曝露度が上がることにもなります。

つまり市場取引の発展にともなう都市化や国際経済の発展が、かえって疫病を助長することにもなりえます。経済発展の一方で、多くの社会がマルサスの罠から容易に抜け出すことができなかったわけの一端は、その辺りにもあるわけです。

黒死病

高校の世界史教科書にも、重要項目として登場する疫病があります。一四世紀中頃以降ヨーロッパで大流行したペストです。罹患すると皮膚の色が黒くなり、致死率が非常に高いことから、「黒死病（Black Death）」の別名でも知られています。

病原体はペスト菌で、ノミを宿主として生存します。ノミはおもにネズミ（齧歯類《げっし》）をはじめとする動物に寄生していますが、そうした動物たちが人間に近づくと、ノミは人間にとび移って吸血することもあります。こうしたノミを媒介としてペスト菌は人間に感染し、腺ペストを発症させます。そして菌が肺にまわって肺ペストとなったときには、人間同士で飛沫感染することもあるということです。つまり、肺ペストの人間同士の伝播を例外として、ペストが人間に感染するかどうかには、ペスト菌と人間以外にも、ノミやネズミなどの生態が関わってくるということになります。

もともとペスト菌は人間とは関わりをもたずに、寄生関係にあるノミや齧歯類動物たちとともに生息し、齧歯類の間ではペスト菌を病原体とする病気の流行が繰り返されていたと考えられます。それが地球上のどの場所だったかは、今となっては推測の域を出ないのですが、紀元前のある時期までには、アフリカの中央部や、ユーラシアのインド北東部からヒマラヤそして中国の雲南地方あたりに、これらの生物たちの生息域が形成されていたのではないかとマクニールは推測しています。

ペスト菌がいつ人間との関わりをもつようになったのかについても、確実にはわかりません。史料上の症状や流行様態などの記録からペストと推定できる大流行が人間界でおこったのは、六世紀半ばの地中海を中心とする地域でした。東ローマ帝国ユスティニアヌス帝の時代です。アフリカ中央部から広がった菌・ノミ・齧歯類の生息域と人間の活動域とが、ナイル川沿いのどこかで交錯することになったのかもしれないし、あるいはインド方面から貿易ルートに沿って伝播したのかもしれません。四〜五世紀の気候の寒冷化にともなうユーラシア大陸内の遊牧民やゲルマン系諸族の大移動が関係しているという説もあります。

いずれにせよ東ローマ帝国の首都コンスタンティノープル（現イスタンブール）にも五四二年に流行は及び、その人口は半減したとも伝えられています。その後約二世紀間にわたって間歇的な流行が繰り返され、これが東ローマ帝国衰微の原因の一つとなったとも考えられています。この六世紀から八世紀にかけての流行は、ペストの第一次パンデミック（広域の国際的流行）とよばれます。

そして教科書にも登場する一四世紀に始まる黒死病流行が、第二次パンデミックです。一一世紀になると、気候が温暖化したことにも後押しされて、西ヨーロッパの封建社会では、農業生産力の向上がみられるようになりました。ペストの第一次パンデミックで減少した人口も回復し、増加に転じたと考えられています。余剰生産物の取引から市場が発達し、商人や手工業者の拠点となる都市も発達しました。「地中海交易圏」や「バルト海・北海交易圏」といった諸都市間の商業ネットワークが形成され、モノ・カネ・人の移動もさかんとなりました。

もうお気づきかと思いますが、こうなると、モノ・カネ・人にくわえて病原体が伝播しやすい状況になります。一三四七年のコンスタンティノープルにおける流行以降、交易ネットワークに沿ってペストが伝播し、一三五〇年頃までにヨーロッパのほぼ全域に及びました（図2）。このときの大流行によってヨーロッパの人口の三分の一が死亡したといわれています。八世紀にペスト流行が途絶えて数百年がたち、免疫も継承されていなかったために、このような高い死亡率になったわけです。

人口の減少にともない、封建領主の荘園では農作業を担う農民の数が減り、いわば労働力は「売手市場」の状態となったことで、農民層の相対的地位はあがる一方、農民に「寄生」していた領主たちの力が弱まり、封建的な社会秩序の弛緩につながりました。また、神に縋っても多くの命が失われる状況は、カトリック教会の権威を失墜させることになり、かわって人間の理性や感情を再評価するルネサンスの精神の興隆にも影響を与えたといえます。ルネサンス初期の代表的作品、ボッカチオの『デカメロン』（一三五〇年頃）は、ペスト流行さなかのフィレンツェで書かれた風刺文学として有名です。このようなヨーロッパ社会・文化にたいする大きなインパクトから、このときのペスト流行は教科書でも取り上げられているわけです。

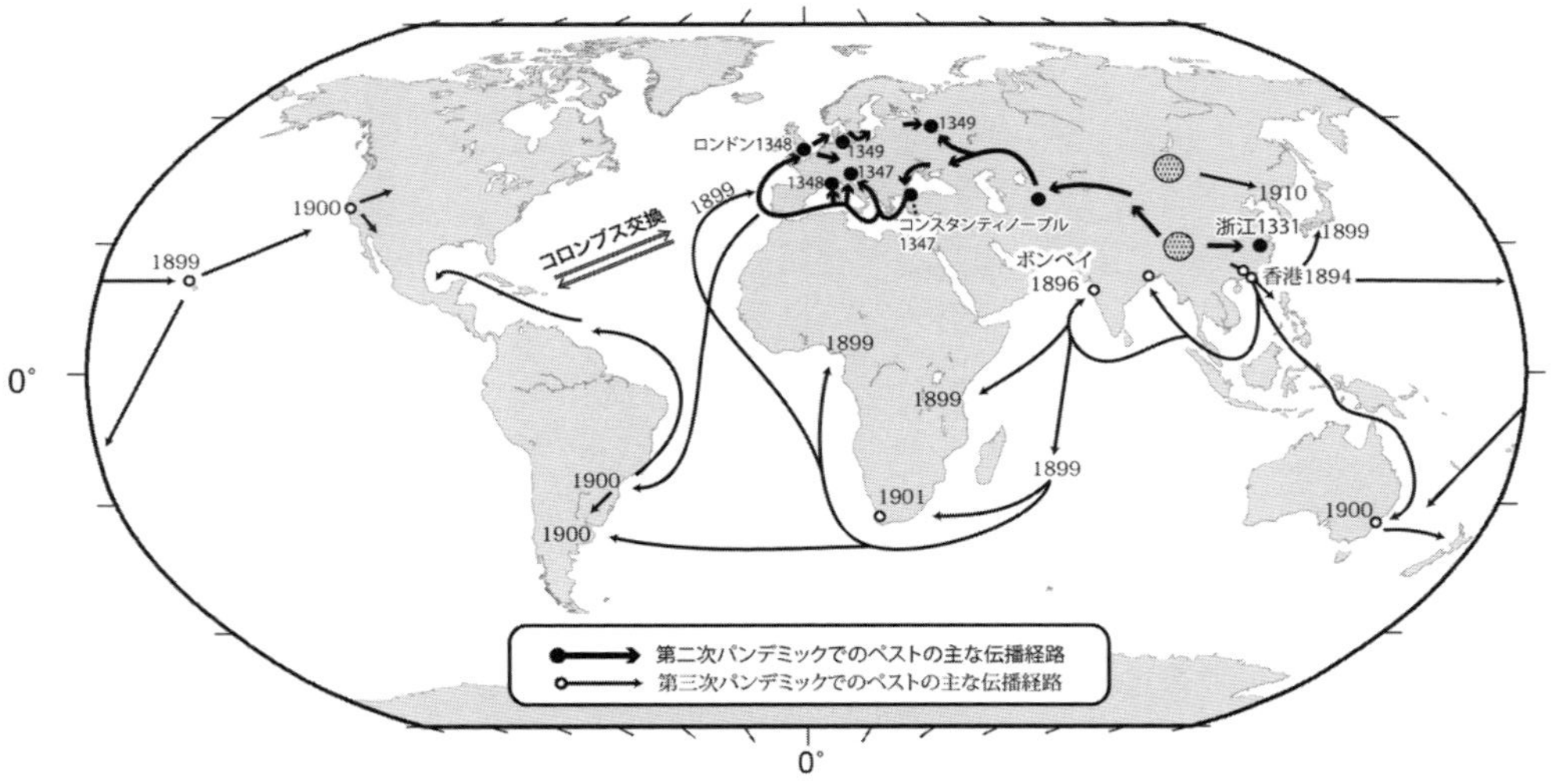

図２　疫病の伝播経路（コロンブス交換、第二次／第三次ペスト・パンデミック）
〔出典：W. H. マクニール（2007）；J. N. Hays（2005）などをもとに作成。〕

第一次パンデミック後も、菌・ノミ・齧歯類の寄生関係はユーラシアの奥地で継続していたと思われます。ふたたびこれが人間界と交錯するきっかけをつくった歴史的な出来事として研究者たちが注目するのが、モンゴル帝国の形成です。

一三世紀初頭チンギス・ハンに始まるモンゴル騎馬遊牧民族の勢力拡大は、一三世紀後半フビライ・ハンの時代に最盛期を迎え、ユーラシア大陸の東から、西は黒海周辺、すなわちコンスタンティノープルの近くにまでおよぶ大帝国となりました。軍隊や隊商の往来も頻繁になったと考えられます。帝国内のイル・ハン国などではイスラームへの改宗もみられ、ムスリム商人の活動もさかんとなりました。そして、フビライに仕えたとされるヴェネツィアの商人マルコ・ポーロに象徴されるように、ヨーロッパとアジアの諸交易圏が陸路・海路をつうじてつながり、ユーラシアをまたぐ東西交易が活性化したのです。

一三世紀中頃に、ヒマラヤの東麓・雲南地方もモンゴル帝国の支配下に入りました。その統治の過程で、その地域の菌・ノミ・齧歯類の生息域に人間が接近することがあったと思われます。ただし一四世紀になるまで、人間界でペストの顕著な流行があったという記録はみられません。それでも、齧歯類における流行が先行して帝国各地、たとえば中央アジアからシベリアにかけての諸地域に棲む齧歯類に病気が広まった可能性はあります。人の荷物に紛れ込めば、菌・ノミ・ネズミたちは自分たちだけでは不可能な距離を移動することができ、菌・ノミはその移動先の動物たちに寄生することになります。そうしたことが繰り返されて、ペスト菌が帝国内の別の地域に広まった可能性もあるわけです。

こうして、菌・ノミ・ネズミ側と人間側の活動域の交錯のリスクが高まるなか、ユーラシアの東側のどこかで、ついに人間のペスト流行が始まったと考えられます。マクニールによれば、中国においてペストとおぼしき死亡率の高い疫病が最初に記録されたのは一三三一年でした。ただ、ペスト菌は必ずしも人から人へうつるわけではないので、そこから一気にパンデミックが始まったわけでもなさそうです。その後、またノミ・ネズミに寄生しつつ繁殖を繰り返し、人の荷物に紛れ込んだり、ときには人にも感染者を出したりしながらユーラシアを西進し、ついに一三四七年にコンスタンティノープルに達したと思われます。その後のヨーロッパでの流行の急拡大はすでにみたとおりです。中国でも一三五〇年代以降にペストの可能性もある疫病が発生し、人口が減少した記録が残っています。

その東、つまり東シナ海においても、倭寇による私貿易は行われていたし、一三六八年にモンゴル人による元朝が明朝に取って代わられたのち、足利幕府と明との間で勘合貿易が開始されましたが、日本ではペストは本格的には流行しませんでした。海を隔てているとはいえ、伝播のリスクはあったと思われますが、大流行には至らなかったことは、日本にとっては幸運だったといえるでしょう。

ヨーロッパでは、一三四七年に始まる大流行の波は一三五〇年代にいったん終息をみましたが、その後も三世紀以上にわたってたびたび流行が繰り返されました。ペストは天然痘などよりさらに致死率が高かったため、免疫を獲得して生存する人も少なく、その都度被害は大きくなりました。一六六五年には、ロンドンで大流行がおきています。この流行については、『ロビンソン・クルーソー』の作者として知られるダニエル・デフォーが『ペスト流行年誌』（一七二二年）という著作を残しています（デフォー　一二〇〇九年）。

この流行によって、ロンドンから近いケンブリッジ大学も休校になりました。やむなく故郷のリンカンシャーの村に疎開したアイザック・ニュートンは、ある日の散歩中にリンゴが木から落ちる様子を目撃します。それが万有引力の法則の発見につながった、とする話がニュートンの古い伝記には登場します。この話が本当であれば、ペスト流行が物理学の大発見を生んだということになりますが、これはいささかドラマ仕立てに脚色された伝承のようです。とはいえ、こうした脚色も、それだけこのペスト流行が人々の記憶に残ったことの一例といえるかもしれません。

貿易と防疫

イギリスでは一六六五〜六六年を最後に、ペストの大流行は途絶えました。また西欧全体では、一七二二年のマルセイユ（フランス）の流行が最後といわれています。東欧からロシアにかけては局所的なペスト発生は続きましたし、西欧でも一八世紀には発疹チフスや天然痘が大流行しましたので、ミクロ寄生による深刻な疫病がなくなったわけではないのですが、少なくとも西欧ではペストの大流行はなくなりました。

再び図1をみていただくと、一八世紀から世界人口の推計値はそれ以前より急な上昇を始めています。これには、一八世紀に北西欧で持続的な人口増加が始まったことが反映されています。人口増加にはもちろん出生率も関わりますが、ペストのように致死率の高い突発的な疫病が減少したことによる死亡率の安定化も寄与したと考えられます。

一七〜一八世紀西欧といえば、重商主義の時代です。モノ・カネ・人の移動はますます頻繁になっていたはずですが、ペスト流行が起きなくなったのはなぜでしょうか。これには研究者によってさまざまな可能性が指摘されています。

まずペスト菌が変異して、毒性が弱まった可能性。そして西欧における齧歯類の分布において、クマネズミに代わりドブネズミ（クマネズミほど人間の生活空間には入り込まない習性があるとされる）が増えた可能性。いずれも人間以外の生物に関わるものですが、史料的な実証は難しい説ではあります。

ネズミと人間との接近頻度の変化については、ネズミの種類変化ではなく、人間側の住環境の変化がもたらした可能性も指摘されています。たとえば一六六五年ペスト流行の翌年、ロンドンでは大火がありました。この大火後、木造建築が規制され、耐火性のあるレンガ建築が普及しました。レンガ造りの箱型の建造物は清潔の保持が比較的容易であり、またネズミによる人間の居住空間への侵入の遮断もしやすくなったというわけです。

これは人間側の行為が必ずしも意図せずしてペスト減少に資した可能性ですが、人間たちが意図してとった防疫対策もあります。ペスト流行の際、ネズミ駆除が行われたところもありました。ペスト菌の存在が知られていない段階においても、人間のペスト発生に先立ってネズミの屍骸が見つかる経験から、ネズミが病気に何らかの関係があることが認識されていたところもあったようです。

今日でも飛行機で海外から戻ると、空港で「検疫（quarantine）」のゲートを通りますが、これは一四世紀の地中海沿岸の諸港に起源があります。原語の quarantine とは「四〇」の意味で、ペスト流行地から来航した船に四〇日間の停泊を命じ上陸を認めなかったことに由来しています。以来、港や陸上の境界で、病気を持ち込むリスクがあると考えられる人・モノの通行をチェックすることを検疫と呼ぶようになりました。場所によって、具体的な実施方法はいろいろでしたが、検疫は中世から近世にかけて広く実施されるようになりました。

患者の隔離も行われました。最初に隔離措置が普及したのはイスラーム世界においてだったとみられますが、一四世紀後半には西欧でも公的な患者隔離政策がとられるようになりました。こうした検疫や隔離政策の効果は、具体的な施行方法によってまちまちだったと想像されますが、ペストが「伝染」するものという認識のもとに、それを遮断するため、時代を追うにつれて組織的に施行されるようになっていきました。

ただし、検疫や隔離が、人間同士の差別・排除・迫害・虐待と結びつきやすかったことには注意する必要があります。献身的な看護の記録もある一方で、たとえばキリスト教世界では、異教徒とくにユダヤ教徒を病気をまき散らす人々と決めつけ、迫害したような行為の記録も残っています。

こうした防疫対策や環境変化のうち何がペスト減少に資したのかについて、研究者間で合意された決定的な要因が特定されているわけではありません。人間の力のみによってペスト制圧に成功したとはいえないようです。医学の進歩があるのでは、と疑問に思われる方もおられるかと思いますが、当時の医学が有効なペスト治療法を提供していたとはいえません。たしかに解剖学や生理学の発展によって、一七〜一八世紀に西洋医学は人体のメカニズムの理解について大きく「進歩」しました。しかし病気の有効な治療法の開発に直結したわけではなく、穢れた血を排出するという理由での瀉血《しゃけつ》など、かえって症状を悪化させかねない治療も行われていました。

ただし予防面では、病気がどんな状況のもとで流行しやすいのかを考える疫学的探究にもとづき、医師たちも関与する公衆衛生政策の展開がみられました。一八世紀ヨーロッパの重商主義国家では、おもに労働力としての国民の健康も守りつつ国富の増進をはかるという観点から、国家政策として、都市環境の阻害要因の取締りや検疫の組織的な実施などをつうじた衛生的な空間の保全がめざされました。

経済史上、一八世紀といえば、イギリスで産業革命が始まった時期として特筆されます。機械導入によって工業の生産性向上がもたらされ、工業の立地する都市への人口集中が始まりました。原料輸入・製品輸出の増大、そしてそのルートを確保するための軍隊の活動もあり、モノ・カネ・人の国際的な動きはさらに活性化することになりました。加えて一九世紀になると、産業革命は交通革命につながりました。蒸気機関車や蒸気船の発明によって、人・モノの移動の大量化と迅速化が進んだのです。病原体の潜在的な伝播リスクは、格段に上がったと考えられます。

ペストに代わり、一九世紀にたびたびパンデミック化し世界を動揺させたのは、コレラでした。もともとインド・ベンガル地方のエンデミック（局地的な流行病）だったコレラが世界的に広まったことには、イギリス東インド会社による植民地開発と貿易活動が関係していたと考えられます。病原体はコレラ菌で、感染者の糞便に混じり、それに汚染された水・食物の摂取をつうじて伝播します。

各国がコレラの侵入を防御するために検疫を強化しようとするなか、イギリスは消極的でした。検疫強化は、貿易活動を阻害すると考えられたためです。自国だけではなく、貿易相手国にも検疫の緩和を求めました。イギリスの自由貿易主義は、ふつう関税などを手段とする保護貿易主義と対比されますが、同時に防疫政策の強化との対立関係もはらんでいたのです。検疫は、自由貿易にとっての「非関税障壁」ということになります。

一八五一年にパリで開催された第一回会議以来、国際衛生会議がたびたび開かれるようになりました。コレラ伝播を阻止するには、国際協調が必要と考えられたためです。多くの国が検疫強化を主張する一方、イギリスは、検疫より上下水道整備など国内の衛生環境改革を進めたほうが、コレラ予防には有効であると主張しました。たしかにコレラが水・食物感染の病気だと知られている今日の視点からは、イギリスの主張にも一理ありそうです。また当時の海港検疫では、流行地から来航した船舶を一律に、すなわちコレラ患者が発生していない船舶も含めて、一〇日ほど停船させ、その間、たとえ健康な状態であっても乗客には上陸の自由を認めないという、今日の目からみると粗野な方法が主流でした。

とはいえ、イギリスよりコレラ流行地の近くに位置し、上下水道などの整備がすぐには望めない状況の国々にとっては、検疫の緩和は簡単には応じられない要求でした。国際的な対立は容易には解消しませんでしたが、検疫をより簡便で合理的な方法に改めることが提案されるなど、妥協点が模索されました。一八八三年にロベルト・コッホによってコレラ菌が発見されてからは、菌の所在に焦点をしぼった検疫方法や国内の衛生改善策が広まるようになり、各国がそれらを適切に組み合わせて対策をたてるということで国際的な合意が形成されていきました。

防疫対策は、疫病から大多数の住民を守るという公益を名目に施行されますが、その対象となった個人にとっては、当局によって自由な活動を制限されることを意味します。疫病に際して、どこまで個人の自由・営業の自由が許容されるのか。そしてそれを公権力が制限することはどの程度までが適切とみなしうるのか。検疫や隔離による身柄の拘束は、人権の問題にも関わります。自由主義と防疫対策との間でどうバランスをとるのかは、今日においても引き続き難しい問題です。

現代のペスト

一八九四年、香港でペスト患者が発生しました。中国の雲南地方辺りのペスト菌・ノミ・ネズミの生息域から、中国南部、広東をへて伝播したと思われます。これがペストの第三次パンデミックの始まりです。イギリス帝国の自由貿易政策の拠点だった香港から、東南アジア・インドを経てアフリカへ、ハワイを経てアメリカ大陸にもペスト流行は伝播しました（図2）。台湾では一八九六年に流行が発生しています。

第二次パンデミックの本格的な波及は逃れた日本でしたが、一八九九（明治三二）年、ついにペスト流行が発生しました。神戸港から侵入したペストは、その翌年にかけて神戸と大阪を中心に二〇〇人以上の人を襲いました。一九〇五年から一九一〇年にかけてふたたび訪れた流行も神戸と大阪が中心でしたが、近畿や西日本の諸府県、そして東京・横浜を中心として関東地方でもまとまった数の患者が発生しました。

海外からの貨物に紛れ込んだノミ・ネズミとともに、ペスト菌は国内に侵入したとみられます。明治後期の工業化の始動期に、特に重要だった輸入品といえば、綿花です。主要な輸入先はインドでした。そのインドでは、ボンベイ（ムンバイ）をはじめ海港都市を中心に、香港から伝播したペストが土着化しつつありました。一八九九年の神戸・大阪における流行は、ボンベイから綿花を積載して神戸に寄港した船よってもたらされたと報告されています。その後も神戸や横浜に綿花や米穀などを積んで寄港した船から伝播したとする報告がみられ、これらの港から運んだ綿花を扱う大阪や東京の紡績会社の施設からも患者が発生し、ペストに感染したネズミが多く見つかっていました。

日本の衛生当局は、検疫、交通遮断、消毒、患者隔離、殺鼠・殺蚤剤の散布、ネズミの捕獲・買上げなどの防疫対策を実施し、伝播拡大の防止につとめました。年間の患者数としては、六四〇名余を記録した一九〇七年が最多で、一九二二（大正一一）年にも一〇〇名以上の罹患者が出ましたが、それ以降は流行は沈静化していきました。流行が全国的に広まることはなく、防疫対策が一定の効果を発揮したと考えてよいでしょう。細菌学検査によって、菌の所在がわかるようになったことも、これに寄与しています。

ペスト菌は、一八九四年、第三次パンデミックの開始地・香港において、日本の北里柴三郎とフランスのアレクサンドル・イェルサンによって発見されました。ただし北里は、その後の彼のペスト菌にかんする説明が混乱したために、発見者とはみなされないこともあります。ペスト菌の学名 ***Yersinia pestis*** に、イェルサンの名前しか冠されていないのもそのためです。

菌は発見されましたが、すぐにペストの治療法が見つかったわけではありません。日本では流行を局地的なものにくい止めることができましたが、ペストが土着化し、被害が甚大となった国もあります。たとえばインドでは、一九〇三年に一〇〇万を超える死者がでたともいわれています。

医療によってペストが治るようになったのは、第二次大戦後、ストレプトマイシンなどの抗生物質が普及してからでした。これにより、たとえペストに罹っても命を落とす確率は下がりました。人間とペスト菌の関係の長い歴史のなかで、人間がそのミクロ寄生体の正体を知り、それを制御できるようになったのは、ここ一〇〇年あまりのことだったのです。

といっても、第三次パンデミックをつうじて拡散したペスト菌は、ノミや齧歯類などとともに、今でも世界の各地で活動を続けています。米国疾病予防管理センター（ＣＤＣ）によれば、北米に棲む齧歯類のリスやプレイリードッグに多くの感染がみられるようです。これらの動物は、ペットとして取引されることもあり、注意がよびかけられています。こうした動物たちとの接近によって、人間にも感染者は出続けています。二〇一四年には米国内で一〇人のペスト患者が発生しました。世界保健機関（ＷＨＯ）によれば、近年では世界中で毎年一千から二千人のペスト患者発生が報告され、そのうち約一〇パーセントの人々が死亡しているということです。

国際社会の課題

本講ではおもにペストに注目してきましたが、もちろんミクロ寄生による感染症はほかにもたくさんあります。現代における医学研究の進展や保健医療の普及により、その多くについて、人間が制御できるようになっています。その先駆的な事例が、一九八〇年にＷＨＯによって根絶宣言が出された天然痘です。一八世紀末にイギリス人医師エドワード・ジェンナーによって開発された予防接種（種痘）の普及などもあり、今では天然痘ウイルスは、研究用の保管分を除いて、地球上から消滅したといわれています。

しかし他方で、有効な予防・治療法がわかっていない感染症も多数あります。そもそも存在自体が未知の病原体もありえます。またいったん制御できると考えられた感染症についても、病原体の変異などにより、有効と思われていた予防・治療法が効かなくなることもおきています。感染症の新興・再興は、私たちが今も直面している問題なのです。

経済のグローバル化にともなうモノ・カネ・人の移動の頻繁化・迅速化がますます進んでいる今日、感染症の潜在的な伝播リスクは、中世の黒死病やコロンブス交換の頃とくらべて格段に上がっていることは容易に想像されます。流行が私たちの身体や社会に与える影響を考えれば、感染症はけっして医療関係者だけの問題ではありません。大学でも、医学部だけではなく、他の学部においてもさまざまな角度から考察が進められる余地があるといえるでしょう。

国際経済に関連しては、上述した通商の自由と防疫対策のバランスの問題のほかにも、いくつか大きな論点があります。その一つは、自然環境と経済開発の問題です。ペストのように、ふだんは人以外の生物に寄生している微生物を病原体とする感染症の場合には、人間と病原体の間でうまく棲み分けができていれば、人間界での大流行は避けられます。

しかし歴史をふり返ると、その棲み分けをまず踏み越えるのは、多くの場合、人間のほうでした。現在でも開発が急速に進む発展途上国ではとくに、諸生物の生態のバランス変化にともなう、病原体と人間との接近にたいする認識と配慮が必要といえるでしょう。

感染症対策において保健医療の役割が決定的に重要になっている今日においては、必要なサービスや医薬品をどのように行き渡らせるのかも、国際経済の重要な課題です。経済的な貧しさが、感染症リスクの高さに直結しているところはまだたくさんあるからです。

日本でふつうに生活している限り、感染症による深刻な事態について、なかなか実感がわかないというのが実際のところかもしれません。私自身も、日本国内への新型インフルエンザ（二〇〇九年）やデング熱の伝播（二〇一四年）というニュースを聞いて、そのときは心配になりましたが、そのうちそれほど気にしなくなっていたというのが正直なところです。まずは私たちが、これまでの人間と病原体との関係の歴史も参照しつつ、平時の冷静でいられるときにこそ、考察し議論する機会を増やしておくことが重要なのではないでしょうか。

Topic 5

環境と経営

福原康司

そもそも一人では成し遂げることのできない目的があるからこそ、複数の人々が集い組織は創られます。また、組織の目的を達成するために、組織を構成するメンバーは、役割を分担します。そして、組織の目的とメンバーの役割分担に齟齬《そご》がないようにするためには、メンバー間のコミュニケーションが不可欠です。つまり、組織がうまく機能するためには、①メンバーが共有している組織の目的、②その目的を達成するためにメンバーが果たすべき役割、そして③これらが食い違わないようにするメンバー間のコミュニケーション、の三つが常に存在する状態であると言えます。しかしながら、組織がこれら三つの要件を常に満たして、組織として健全な状態であり続けることは、案外難しいものです。たとえば、家族や学校、アルバイト先など、みなさんにとって身近な組織の共通目的が何だったかを少し思い浮かべてみると、想像に難くないでしょう。

一方、経営とは、組織が組織であり続けるための自助努力の過程です。より具体的には、組織の目的を達成するために、人、物、金、そして情報という四つの経営資源を効率的に運用することです。これらの中でも、「組織は人なり」とよく言われるように、人が最も重要な資源となります。経営がおもしろくもあり難しくもあるのは、人を生かすも殺すも、経営次第だからなのです。

では、経営の目的とは何でしょうか。もちろん、第一義的には、組織の目的を達成することにあります。ですが、組織目的を達成することを通じて、組織に関わるさまざまな利害関係者を幸せにすることもまた重要な目的となります。利害関係者とは、その組織で活動するメンバーだけではありません。組織が存在している地域社会や、もっと広い視野から見れば、地球環境だって利害関係があるかもしれません。しかしながら、こうした広い視野で利害関係者を理解しようとするまでには、実は経営学の長い成長・発展の歴史がありました。

経営の対象は組織全般ですが、経営学は、その中でもとりわけ利益を目的とする企業組織に焦点を当てて学問的な成長・発展を遂げてきました。経営学の起源には諸説ありますが、一般的には二〇世紀初頭に体系的な研究がされ始めたと言われています。初期の経営学は、企業経営をする際、先ほど述べた企業内部の資源に目を向けてさえいれば問題ない、という価値観が支配的でした。しかし、よく考えると、企業は、事業活動に必要なすべての資源を自ら用意することはとても不可能ですから、銀行や部品メーカーなどの取引先企業との関係も重要になります。

経営学において、企業は内部環境ばかりでなく、こうした外部環境も加味して経営を行おうとする視野の広がりは、組織を閉ざされたものではなく、開かれた存在として見つめ直すべきだとする価値観の変化がありました。近代組織論の父と称されるバーナードが、組織は自らが提供する誘因と、多様な利害関係者による貢献とのバランスによって成り立っていると主張した一九三〇年代から、こうしたオープンシステム観が次第に定着するようになりました。

ただし、経営学が外部環境に目を向け出したと言っても、営利企業が主な研究対象であったために、株主や取引先、あるいは競合他社の動向など、利害関係の強い要素を主に外部環境として扱ってきました。企業は公器として、公正な製品・サービスや職場を提供すべきであるとか、得た利益を地域社会や地球環境へ還元すべき存在であるという考えはまだ非常に希薄だったのです。企業の社会的責任という価値観が学問レベルで芽吹き始めたのは、ポストモダンという考え方が経営学に影響を及ぼし出した一九七〇年代以降です。

その後、実際の企業経営の現場でも、制度や規範が整備され、短期的にはコストがかかったとしても、社会的責任として企業がさまざまな利害関係者に配慮した経営を行うことは、長期的な利益や存続に不可欠になっています。かくて、最も大きな視野での環境、すなわち地球環境という利害関係者の声に企業はようやく耳を傾け出したのです。

中国の宗教思想と自然

土屋昌明

今から一六〇〇年以上前、四世紀半ばころ、中国の江蘇省南京郊外の茅山《ぼうざん》という山のふもとに住むある貴族の家で、霊能者が神霊と会って、神霊のお告げを聞く神降ろしが行われました。その霊能者は楊羲《ようぎ》という人で、神霊の言葉をメモしました。そのメモは大量に残され、その約一〇〇年後に編集されて『真誥《しんこう》』と名づけられました。

その中の稽神枢篇《けいしんすうへん》に、茅山の神霊である茅君《ぼうくん》が、神霊の世界を語った部分があります。それによれば、茅山の神霊世界は地下にあり、「金壇華陽《きんだんかよう》の洞天」といいます。周囲が数一〇キロもある方形の地下石室で、太陽と月のような「日精《にっせい》」と「陰《いん》暉《き》」がその世界を照らしており、草木や川の流れ、空を飛ぶ鳥や雲や風など、自然の景観も外と同じです。この「金壇華陽の洞天」は、東は蘇州《そしゅう》の太湖《たいこ》にある林屋《りんおく》山《ざん》の洞天、北は山東《さんとう》省の泰山《たいざん》の洞天、西は四川《しせん》省の峨嵋山《がびざん》の洞天、南は広東《かんとん》省の羅《ら》浮山《ふざん》の洞天に、地下道でつながっており、神々が居住する宮殿もある。このような地下世界は、中国に三六カ所存在し、茅山はその第八洞天に列せられる、というのです。

神霊が霊能者に話したこの話は、すべて想像の産物でしょう。しかし、当時の人々はこれを真実だと信じ、それに関わる宗教思想や文学をたくさん作ったのです。これがおもしろい。

そうすると、こんな想像世界がどうして生じたのか、考えたくなってきます。この想像には、現実の洞窟の地形とそれへの畏怖が反映しているのでしょう。山中の鍾乳洞は、底の知れない暗黒、肌を嘗めるような冷気、神秘的な鍾乳石、どこから流れくるとも知れない地底の水などから受けるイメージによって、神霊の世界や死者の世界と直接結びつくのでした。そして、戦乱や災害によって否応なく洞窟に逃げ込んだ人々にとっては、身を守ってくれる最終的な救済の地でもありました。そ

図１　第一大洞天とされる王屋山（河南省）の王母洞を調査する筆者（鈴木健郎撮影）

れが神霊の棲む世界と考えられたわけです。

では、地下世界の話は全部ウソなのでしょうか。

これらはある程度、事実に基づいているように思われます。というのは、次のような自然現象があるからです。鍾乳洞は、地下流水によって形成されます。鍾乳洞の天井部分が崩落すると、そこに天上が高いホール状の地形が形成されます。これが『真誥』にいう「地下石室」です。ここには、崩落した岩石が積み重なっているため、台状の堆積物ができます。これが

「宮殿」です。このホールの天井部が一部崩落して、外界に穴を露出すると、そこから地上の明かりが地下石室に射し込むことになります。これが「日精」や「陰暉」です。さらに、ホールの天井部がすべて崩落してしまうと、周囲が絶壁に囲まれた吹き抜け状の地形ができます。ここは、「草木や川の流れ、空を飛ぶ鳥や雲や風」など、外の景観と全く変わりませんが、周囲を絶壁に囲まれているため、人間はもちろん、動物すら立ち入れない孤絶した世界となり、生態系も違ってきます。ここに立ち入るためには、洞窟を通り抜けてくるしかない。この地形を「天坑」といい、中国の西南地区に多く存在します。

つまり、霊能力によって創出された神話は、鍾乳洞という自然現象に基づいているのです。茅山を調査してみると、実際に奥行き数一〇〇メートルに及ぶ鍾乳洞が存在します。ただし、茅山に天坑はありません。おそらく、他の場所の天坑をめぐる伝説がめぐりめぐって茅山の地形とも結びつき、こんな神話を創出したのだと思われます。

この「洞天思想」は、その後の中国の文学や美術に大きな影響を与えました。中でも、漁師が川の源の洞窟を抜けて、桃源郷《とうげんきょう》に至り、そこで歓迎を受けた話は有

図２　王屋山の洞窟がある崖（鈴木健郎撮影）

名です（陶淵明「桃花源記」）。日本の「浦島太郎」の話も、この系譜上にあることに気がつきます。

もう一つ、鍾乳洞は、動物の内臓、とくに胃腸の内部に似ています。このことは、人体の穴の奥にも洞天が存在し、そこに神霊が棲んでいる、という考えと結びつきました。

確かに、口と鼻と耳の穴が喉で相互につながっていること、その穴は胃腸を通って最終的には尻の穴にたどりつくこと、体内には至るところに空間があり水流（血流）があること、暗黒の別世界である腸の内部には、別の生き物である寄生虫が棲息していることなどは、人体と山の洞窟がまさしくアナロジー（類比）であることを教えてくれます。

つまり、この考えでは、天と地と人が同じ構造となっているのです。このような天地人のアナロジーこそ、古典中国の自然と人間の関係を支えた思想だったのです。

第6講

自然と人間のかかわりあいの狭間で
――芸術作品の中で表現された自然

根岸徹郎

いろいろな「自然」

「自然」という言葉には、いくつかの意味があります。『大辞泉』をみると、「山や川、草、木など、人間と人間の手の加わったものを除いた、この世のあらゆるもの」という定義と、「そのものに本来備わっている性質。天性、本性」という説明が見つかります。私たちは、これまで自然という言葉に対して、つねにこの両方の意味について考えをめぐらせてきた、と言ってもよいでしょう。初期のギリシャ哲学では、たとえば「万物の根源《アルケー》は水である」と言ったミレトスのタレース（前六〜七世紀）のように、このふたつを考える際の区別はあまりなかったようですが、現代では、前者はいわゆる自然科学が研究の直接の対象としているものでしょうし、後者については、人間――もちろん、私たち人間も自然界の一員です――の営為を含め、哲学やその他の人文科学、社会科学と呼ばれる分野の学問が取り組んでいる課題だと言えます。

そこで、「芸術と自然」というテーマを扱うこの第六講では、自然を前者の定義、すなわち、人間以外のものという意味で捉えた上で、文学を中心として、人間の叡智の営みのひとつである芸術によってこの自然がどういった位置づけをされ、またどんな意味を担ってきたのか、そしてそれがどのように表現されてきたのかを探ってみたいと思います。

それにしても、人はなぜ、芸術と呼ばれる作品——文学や絵画、立体造形から、舞台芸術、映画やビデオアートまで——の中で自然を描くのでしょう。詩や小説、映像作品の中に登場する自然とは、何を意味しているのでしょう。そもそも、そういった自然には、はたして意味があるのでしょうか。

すこし、問いかけを変えてみましょう。かりに、芸術作品にとって自然が重要なファクターであるとして、それでは、それらが描かれたり表現されたりしている時代や地域によって、自然の姿や意味は違っているのでしょうか。つまり、表現する人とそれを受け取る人の感性や考え方によって、自然はその姿や意味を変えるものなのでしょうか。

芸術作品はふつう、言語や視覚イメージ、音といった具体的なものによって表現されますが、そうした言葉や画像は言うまでもなく、情報伝達の手段です。そしてそれらを用いた詩や小説、絵画をはじめとした芸術作品もまた、情報の伝達媒体ということになります。それでは、芸術作品がもたらす情報とは、いったいどのようなものなのでしょうか。

私たちは情報に接するとき、それをできるだけ正確に発信し、また受け取るようにと考えます。情報は正しくなければならない、正確でなくてはならない……これは、社会生活をしていくうえで、現代の私たちがもっとも重視しているコンセプトでしょう。それではこうした状況の中で、私たちは「正しい情報」、「正確な情報」から、いったい何を得ているのでしょう。

たとえば、天気予報で「明日は雨」という情報が得られたとします。「雨」そのものは、直接的にはひとつの自然現象にほかならず、「大気中の水蒸気が冷えて雲ができ、雲の中で成長した水滴が地上に落ちてくる現象。また、その水滴」（『大辞泉』）と説明されます。ただ、この言葉から人が知りたいのは、そういった物質的な認識、知識だけではないはずです。むしろ、この情報を得たことによって、翌日持って行くカバンの中に傘をいれる人もいるでしょうし、雑貨店だったら、レイングッズを見やすい場所に置き直すかもしれません。伊藤亜紗は、「『意味』とは『情報』が具体的な文脈に置かれたときに生まれるもの」（伊藤　二〇一五）と指摘しています。たしかにわたしたちは、「雨」という情報に対して、それにどう対応するかという意味を読み取りますが、ここではさらに、その間にワンクッション、「価値」という基準を差し挟んでおきたいと思います。つまり、現代社会では意味よりも先に、情報に価値を見出そうとする傾向が強いように感じられるからです。大切なのは価値のある情報、ということです。逆にいえば、価値のない情報は取り上げられず、捨てられるべきものになります。こうして、「雨」という情報は人々がそこにそれぞれの価値を見出すことによって、傘や店の準備など、いわば適切に消費されるわけです。

けれども、たとえば一九世紀フランスを代表する詩人ポール・ヴェルレーヌが、「巷に雨の降るごとく／わが心にも涙ふる。／かくも心ににじみ入る／このかなしみは何やらん？　やるせなき心のために／おお、雨の歌よ！／やさしき雨の響きは／地上にも屋上にも！」（ヴェルレーヌ　一九五〇）と詠うとき、この雨は先の知識としての情報や消費される価値とはまったく異なったレベルで、読む人の心に文字どおり「にじみ入」ってくるのではないでしょうか。おそらく、ヴェルレーヌの雨は冷たさや暖かさ、湿り気や肌触りを感じさせながら、読者それぞれの心の中にさまざまなイメージを創出していき、そこからわたしたちは、さまざまな意味を取り出すことができるのです。

芸術に関わるということは、書き手が伝えたいと感じた意味を一度文字や映像情報に変換し、その情報から受け手があらためて意味を引き出す作業だと言えるかもしれません。もちろん、発信された意味と受信されたものとが同一になることはまずないでしょうし、同じである必要もありません。価値と意味は微妙な違いのように見えますが、少なくとも情報から価値よりも先に意味が生じてくるところに芸術や文学の持つ力がある、と言ってもよいのではないでしょうか。この点では、芸術作品には正確であることも、また価値を生み出すことも求められていないことになります。それは、きわめて個人的な領域で生じる現象です。小林秀雄の次のような文章は、こうした立場をはっきりと示してくれています。

終戦の翌々年、母が死んだ。母の死は、非常に私の心にこたへた。それに比べると、戦争という大事件は、言はば、私の肉体を右往左往させただけで、私の精神を少しも動かさなかつた様に思ふ。〔中略〕母が死んだ数日後の或る日、妙な経験をした。〔中略〕仏に上げる蝋燭を切らしたのに気付き、買ひに出かけた。私の家は、扇ケ谷の奥にあつて、家の前の道に添うて小川が流れてゐた。もう夕暮れであつた。門を出ると、行手に蛍が一匹飛んでゐるのを見た。この辺りには、毎年蛍をよく見掛けるのだが、その年は初めて見る蛍だつた。今まで見た事もない様な大ぶりのもので、見事に光つてゐた。おつかさんは、今は蛍になつてゐる、と私はふと思つた。蛍の飛ぶ後を歩きながら、私は、もうその考へから逃れる事が出来なかつた。(小林秀雄　二〇〇二、一一～一二頁)

茂木健一郎が『脳と仮想』の中で紹介しているように、小林秀雄はすべてを計量化しようとする科学的な考え方に立ち向かった、知の巨人でした。小林はある講演の中で、こう語っています。

科学っていうものは、経験というものを、計量できる経験だけに絞ったんです。それが、科学というものの性格なんです。〔中略〕今日科学が言っている経験というものはだね、私たちの経験とは全然違う経験です。それは合理的経験です。〔中略〕ほとんどの私たちの生活上の経験は、合理的じゃないですね。その中に感情もイマジネーションもいろんなものが入っていますね。道徳的経験。いろんなものが入っている。人間の広大なる経験の領域っていうものは、いろんな可能な方法にのばすことができるでしょう。それをのばさないように、計量的な経験、勘定することのできる、計算することのできる経験だけに絞った。ほかの経験は全部あいまいである。もしも学問をするなら、勘定できる経験だけに絞れと、そういう非常に狭い道をつけたんです。（小林　二〇〇四。茂木　二〇〇七、二一～二四頁から引用）

人間の経験のうちで計量できないものを茂木は「クオリア（感覚質）」と呼び、「もし小林秀雄が生きていて、クオリアという考え方に接したら、『君、僕が言いたかったことはそれだよ』と言ったことだろうと私は確信している」(茂木 二〇〇七)と書いています。数値化できないけれども、それぞれに確実に意味を持っているこのクオリアというものを表現し、また受け取るところに、芸術の拠って立つ場所があります。

作家の小川洋子もまた『物語の役割』の中で、ノンフィクション作家の柳田邦男が息子を亡くしたときの心の動きを紹介しながら、こう書いています。

『犠牲(サクリファイス)—わが息子・脳死の11日』という本があります。ご自分のご次男である洋二郎君が自殺を図って、十一日間の脳死の後に亡くなられた体験を書いたご本です。〔中略〕洋二郎君は十一日間の脳死状態の後に亡くなりますが、柳田さんは腎臓を提供することに同意します。亡くなった日の夜、洋二郎君の腎臓は航空自衛隊の入間基地から九州へ、ジェット機で運ばれていきます。柳田さんご自身は、そのジェット機が飛んでゆく姿を見たわけではありません。しかし柳田さんは、夜空に飛行機が飛び立って星のなかを自分の息子の命が運ばれていく、という場面を心に思い描いたのです。「ああ、洋二郎の生命は間違いなく引き継がれたのだと実感した」とお書きになっていらっしゃいます。これもフィクションです。現実の洋二郎君は死んだけれども、事実を受け入れるために、「引き継がれた命が星の中を運ばれていく」というフィクションを、柳田さんが自分のなかで組み立てなおしているわけです。私は、これはたいへんに人間らしい、人間にしかできない心の動きではないかと思うのです。死を生として受け入れるのですから、正反対のことをしているわけです。そのように途方もない働きを見せる人間の心とは、何と深遠なものであろうかと、思わずにはいられません。（小川　二〇〇七、二二六〜三二〇頁）

人間と自然の関係

それでは、このように情報から意味を紡ぎだすという働きを持った文学や芸術の中で、自然はどのように扱われているのでしょうか。日本の芸術では自然が大きな主題であったことは、みなさんもよくご存じのことと思います。いわゆる「花鳥風月」をテーマにした詩歌は、恋の歌とともに、常に文学の王道だったと言えるでしょう。ここでは、平安時代の代表的な作品である、清少納言の『枕草子』の冒頭を見てみましょう。あの「春は、曙」で始まる箇所です。

春は、曙。やうやう白くなりゆく、山ぎはすこし明りて、紫だちたる雲のほそくたなびきたる。

夏は、夜。月のころはさらなり、闇もなほ、蛍の多く飛びちがひたる。また、ただ一つ二つなど、ほのかにうち光りて行くも、をかし。雨など降るも、をかし。

秋は、夕暮。夕日のさして、山の端いと近うなりたるに、烏の、寝どころへ行くとて、三つ四つ二つなど、飛び急ぐさへ、あわれなり。まいて、雁などのつらねたるが、いと小さく見ゆるは、いとをかし。日入り果てて、風の音、虫の音など、はた、言うべきにあらず。

冬は、つとめて。雪の降りたるは、言うべきにもあらず、霜のいと白きも、またさらでも、いと寒きに、火など急ぎおこして、炭持ちてわたるも、いとつきづきし。昼になりて、ぬるくゆるびもていけば、炭櫃火桶の火も白き灰がちになりて、わろし。(清少納言　一九九七、上巻一五～一六頁)

ここでは、四季に分けてさまざまな自然の風物が描かれているので、一見すれば自然がテーマのように見えます。けれども、これらはすべて「をかしきもの」という作者の美意識の基準によって選択された、いわば人間が決めたフィルターを通過したものの集まりです。つまり、これらの自然は清少納言の、さらにはこの宮廷の女官が属していた世界における美の尺度を示すために動員されているのであって、自然から何かが導き出されているわけではありません。いわば、人間が頭で作り上げた基準の世界が先にあって、そこに自然が当てはめられている、という構図でしょうか。ちなみに、紀行文学を代表する作品とされる江戸時代の松尾芭蕉の『奥の細道』では、この俳諧の大聖人が見た情景はいろいろと出てきますが、自然をそのまま描写した文はひとつもなく、描写と見えるものもすべて過去の文学が投影されたものだ、と言われています。

西洋の文学作品でも、自然の優美さを愛でた詩歌や小説は、数多くあります。たとえば、一六世紀のフランスの詩人、ピエール・ド・ロンサールはバラをモチーフにした詩を詠んだことで有名で、そのおかげでこの人の名を冠したバラの品種まで作られましたし、花だけではなくツグミなどの野の鳥も、この詩人が歌い上げる対象となりました。あるいは、一九世紀イギリスのロマン派の詩人ウィリアム・ワーズワスもまた、彼が過ごした湖水地方の自然を歌い上げた詩人として有名です。ワーズワスは流れゆく雲の後を追い、あるいは森で鳴くカッコウの声に耳を傾け、その情景を高らかに歌い上げています。けれども、ロンサールにしても、ワーズワスにしても、純粋に自然の美しさを客観的に詩にしたわけではありません。むしろ、自然は語り相手、というよりも単なる触媒にすぎないことが、次のような詩を読むことで理解できると思います。

うぐいすよ、かわいい鳥、この柳のしげみを、／ひとり枝から枝へ、気ままに飛びながら、／私をまねいているよ、たえず口にせずにはいられない／あのひとをうたいつづける私と競争して。〔中略〕おまえはやさしい音色で恋びとをなびかせるが、／私の恋びとは私の歌が気に入らず、耳をふさいできこうとしない。（ロンサール　二〇一四、八二〜八三頁）

詩人ロンサールはこのソネットで、うぐいすの美しさやその声を愛でているのではありません。この鳥はあくまでも詩人の言葉を引き出す触媒であって、気持ちはつねに「私の恋びと」（ここではマリーという貴婦人）へと向かっています。結局、自然は詩人の心を表現するための素材であって、重要なのはあくまでも作者の感情、つまり人間なのです。
実際、動物が登場したり主人公だったりするからといって、いっぱいにあふれる自然が描かれている、というわけではありません。日本でも広く知られている物語である、ビアトリクス・ポターのピーター・ラビット・シリーズを見てみましょう。かわいらしいウサギのピーターやあひるのジマイマが活躍するお話で、写実的で繊細な絵とあいまって、子供から大人まで世界中で愛されている物語です。

一九〇二年に刊行されたシリーズ最初の『ピーターラビットのおはなし』は、主人公のうさぎのピーターが、おかあさんの注意も聞かずにマクレガーさんの畑に入りこんで、さんざんに追いかけられた末に命からがら逃げのびるという、ちょっとスリリングなお話でした。ところでこのとき、もしもピーターがマクレガーさんに捕まっていたなら、いったい、どうなっていたでしょう……きっとピーターも、おとうさんうさぎと同じ運命を辿っていたに違いありません。物語の最初に、おかあさんはこう言っていました――「おひゃくしょうのマクレガーさんのとこの、はたけにだけはいっちゃいけませんよ。おまえたちのおとうさんは、あそこで、じこにあって、マクレガーさんのおくさんに、にくのパイにされてしまったんです」。（ポター　二〇〇二）ここにいるのは、かわいらしいと同時に、畑を荒らす害獣としてのウサギに他なりません。そして人間はこの害獣を排除しようとし、捕まえれば躊躇なく食べる――ピーターが住んでいるのは、こうした世界です。

作者のビアトリクス・ポターは、ロンドンのたいへんに裕福な家庭に生まれた女性です。一九世紀イギリスのヴィクトリア朝という、女性の社会的な活動を厳しく制限していた時代のモラルの中で、彼女は絵筆によって収入を得て経済的にも自立をなしとげた、数少ない女性のひとりでした。ポターが晩年に住んだヒルトップ農場は、イングランド北部の湖水地方に、現在も残されています。ここはたいへんに風光明媚な地で、ポターの家は現在一般に公開されていて、観光客の途切れることがありません。ただ、峠をひとつ越せば、緑豊かな森や湖の向こう側には石がごろごろころがった荒涼たる風景が広がっていたりして、湿潤な日本の山や湖や森林の風景とは、どこか趣が異なります。このように、当時の世界一の大都会であるロンドンと、豊かではありながらも、ある意味でむき出しの自然が残る湖水地方という土地の双方に親しく接したポターは、文明と自然の双方に軸足を乗せた人物だった、と言えるかも知れません。

自然との接し方

ところで、ポターの生涯を見ていくと、自然に対する複雑な立場が浮かび上がってきます。彼女は若いころ、化学者でもあった伯父ロスコー卿の理解もあって、菌類の調査と研究に没頭します。三〇歳のころです。そして、当時はほとんど顧みられることのなかった地衣類に関する研究をまとめるのですが、リンネ協会といった学会の権威ある人びとからは、完全に黙殺されてしまいます。ロンドンのキュー王立植物園では、自分で論文を発表することが認められず、伯父が代読する形で成果を公表するのですが、それすらも評価されませんでした。こうした拒絶は、彼女の生きたヴィクトリア朝時代のイギリスが極端なまでの男性中心社会だったことが一番の要因だったとされています。さらに、彼女のダーウィン的な考え方、ものの見方、さらに地衣類の観察を通して得た「共生」という見解（菌類と藻類が共生関係にあるという説は、スイスの植物学者ジーモン・シュヴェンデナーが一八六九年に唱えていたのですが、荒唐無稽な考えとして異端視されていました）を、当時の権威ある人たちが受け入れられなかったことも無関係ではないと言われています（ウェイクフォード　二〇一二）。ポターはこうした扱いに対して大きなショックを受け、残念なことに研究の道を放棄してしまいました。ちなみにイギリスのリンネ協会は後に、ポターに対する見識のない対応を謝罪することになりますが、それは彼女が亡くなってから五〇年以上経った、一九九七年のことです。

いずれにしても、こうしたことからわかるのは、何よりもポターが対象を観察し、自分の目で見たものを整理し、新たな関係性をそこに見出すだけの力を持った、いわば自然科学的な視点を持った人間だったということです。ポターの描く自然の世界が親しみやすく、子供にも理解しやすいものであるということは、ある意味で逆に不可知で神秘的なもの、あるいは自然に対する驚きや畏れといった要素が、ここでは最初から取り除かれているからだと言ってもいいでしょう。それは観察者の、そして自然科学者の視線にほかなりません。

ポターに関してもうひとつ興味深いのは、当時、イギリスで発足したばかりのナショナルトラスト運動に深く関わったという点です。日本でもイギリスに倣った活動が行われていることからその名が知られていますが、正式名称は「歴史的名所や自然的景勝地のためのナショナルトラスト」といいます。一八八五年にハードウィック・ローンズリー牧師、オクタヴィア・ヒル、ロバート・ハンター卿の三人が設立した民間組織で、その名前が示すとおり、「自然や街並みや歴史的建造物など、国民の（あるいは世界の）財産として次世代へ引き継ぎたいが、所有権や法的・経済的な問題により維持が困難なものを守り、次世代へ引き継いでいくこと」を目的としています。ポターは早い段階からこの活動と関わり、その主旨に賛同していました。そして、遺言で四〇〇〇エーカー以上（約一六平方キロ）の土地を、ナショナルトラスト協会に寄贈しました。こうした支援もあって、現在、この協会は湖水地方の三分の一の土地を保有していると言われています。

それでは、なぜ、こういった運動がこの時期に生じたのでしょうか。その発端は、一八世紀から一九世紀にかけてのイギリスから始まったヨーロッパの産業革命にあります。「地球システム論」という考え方を提唱している松井孝典は、農耕牧畜の始まりとともに、人間がそれまで属していた「生物圏」から「人間圏」を形成し、さらにこの「人間圏」は第一段階の「フロー依存型人間圏」から、産業革命を契機に第二段階の「ストック依存型人間圏」へと大きく踏み出したのだ、と述べています。（松井　二〇一二）このストック依存型というのは、石炭、石油といったいわゆる化石燃料を燃やすことで、それまでには得られなかった大きなエネルギーを人間が手にしたことを指しています。つまり、自然とともにあって、そのサイクルの中で生きていた段階（「生物圏」）から、農耕や牧畜といった形で自然を制御して自分のために使用する段階（「フロー依存型人間圏」）へ、さらに産業革命で自然の中から文字どおりエネルギーを取り出して、それを使うことで発展する段階（「ストック依存型人間圏」）へと進んだということです。最後の「ストック依存型」は、その後、さらに核分裂や核融合を人為的に引き起こすことで、巨大なエネルギーを生み出す爆弾や発電へと突き進むことになりますが、地球に蓄えられた力を引き出して使うという点では、原子力エネルギーも化石エネルギーと違いはありません。このような流れを簡単にまとめれば、表現はすこし悪いですが、それまでは一緒に生きる仲間だったはずの地球上の動植物を搾り取ることで発展してきた人間が、ついに地球そのものの搾取にまで手を延ばし始めた、ということになるでしょうか。もっとも、最後に人間が手にしたエネルギーの射程は時間的にも量的にも巨大すぎて、まだコントロールするには至っていない、というのが実情でしょう。いずれにしても、産業革命によってストック依存型に入った人間は、地球とそこに住む生物との関係を完全に作り変えてしまった、ということだけは間違いないと思います。

自然の上に立つ人間

こうした人類の一大転換期に現れたポターの自然への視線、あるいは自然を守るというナショナルトラスト運動の発足は、ある意味で当時のイギリスの人びとの自然に対する姿勢を浮き彫りにしているように見えます。つまり、自然は人間が利用すべき、あるいは守るべき対象であって、それをコントロールする主体はあくまで人間なのだ、という発想です。ヨーロッパでこうした考え方が基本となっている理由のひとつには、キリスト教の影響がその根底にあると考えられます。『旧約聖書』の「創世記」には、こう書かれていいます。

「我々にかたどり、我々に似せて、人を造ろう。そして海の魚、空の鳥、家畜、地を這うものすべてを支配させよう。」神は御自分にかたどって人を創造された。〔中略〕神は言われた。「見よ、全地に生える、種を持つ草と種を持つ実をつける木を、すべてあなたたちに与えよう。それがあなたたちの食べ物となる。地の獣、空の鳥、地を這うものなど、すべて命あるものにはあらゆる青草を食べさせよう。」そのようになった。神はお造りになったすべてのものを御覧になった。見よ、それは極めて良かった。夕べがあり、朝があった。第六の日である。（『聖書』「創世記」、旧約二頁）

さらに、神は洪水のあとにノアとその息子たちを祝福して、こう言います――「産めよ、増えよ、地に満ちよ。地のすべての獣と空のすべての鳥は、地に這うすべてのものと海のすべての魚と共に、あなたたちの前に恐れおののき、あなたたちの手にゆだねられる。動いている命あるものは、すべてあなたたちの食糧とするがよい。わたしはこれらすべてのものを、青草と同じようにあなたたちに与える」（『聖書』「創世記」）。こうして、神の似姿である人間はすべての動植物よりも上に立つ存在という保証をもらい、それらを利用する権利を得たわけです。鯖田豊之は『肉食の思想』の中で、ヨーロッパ人にとって動物と人間の境界は絶対であることを強調しています。それはキリスト教の前段階のユダヤ教からの教えで、牧畜民族であった彼らにとっては「人間と動物との間に一線を画することは、どうしても避けられない要請であった」(鯖田　二〇〇七)ということです。こうして「人間と動物の断絶は、結局、人間中心主義にまでつきすすむ」ことになると、鯖田は指摘します。ここから構成されるのが、「神―人間―自然」という序列です。ちなみに、アメリカの州の中には現在もアラン・アレクサンダー・ミルンの『くまのプーさん』(一九二六年)のシリーズを図書館に置いていないところがあるということですが、その理由のひとつは、動物が人間の言葉をしゃべるのは神への冒涜である、というものだそうです。

ところで、こうしてほかの動物たちよりも上に立つとされた人間(後のアダム)に神が課した最初の仕事は、さまざまな動物に名前を与えることでした。「創世記」には、「主なる神は、野のあらゆる獣、空のあらゆる鳥を土で形づくり、人のところへ持って来て、人がそれぞれをどう呼ぶかを見ておられた。人が呼ぶと、それはすべて、生き物の名となった。人はあらゆる家畜、空の鳥、野のあらゆる獣に名を付けたが、自分に合う助ける者は見つけることができなかった」とあります。名前を与えることが相手の支配につながるというのは、宮崎駿の『千と千尋の神隠し』(二〇〇一年)でも大きなテーマとなっていました。名前を与えることで相手を定義し、把握すること――これこそは、まさにリンネをはじめとした西洋の知が世界中の動植物に対して行ったことに他なりません。そしてその中心には、人間がいるわけです。リンネやポターは、ある意味で最初の人間アダムの仕事を自然科学の方法によってふたたび行ったのだ、と言えるかも知れません。

一方、中山理は「自然は、人間同様、神によって創造されたものであるから、人間にとっては『他者』となる」とした上で、イギリスのジョン・ミルトンが『失楽園』(一六六七年)で描いたエデンの園に対して、そこでは「自然を他者として客体化し、そこに操作を加えようとする態度が伺える。つまり、エデンの園は、野生の自然だけで構成されるのではなく、アダムとイヴが庭仕事にいそしむ庭園として描かれている」(中山 二〇〇三)と指摘しています。ということは、アダムとイヴの役割は支配者というよりは、自然に手を加えることでその秩序や節度を守る、いわば庭師のようなものだということでしょうか。

実際、一八世紀になって発展するイギリス式庭園は、人工の極みといった印象を与えるヴェルサイユ宮殿などのフランス式の整形庭園とはまったく正反対の、広々とした風景がそのまま残されたような自然風庭園ですが、実際には木々の種類や配置などは極端なまでに計算された、これも極めて人工的な庭園です。たとえば、ポターよりも少し前の時代に生きた詩人でデザイナーのウィリアム・モリス（この本のカバーの装画は彼のデザインです）が造った庭園は、細部にいたるまで計算され、デザインされ尽くされたものでした。モリスは庭を設計するに際して、非常に細かい指示を出したということです（ハミルトンほか　二〇〇二）。自然を管理するのは人間であるというコンセプトが、文字どおり実践された場所だったわけです。いずれにしても、自然に対する人間の優越性を、これらの例からははっきりと感じ取ることができます。ちなみに、一見すると自然にあふれたイギリス式庭園とは正反対のようなヴェルサイユ宮殿の庭園ですが、意外に思えるかもしれませんが、当時の人たちはあれこそが自然を表現したものだ、と考えていました。というのは、幾何学的な配置こそが自然の本質を表現している、と見做されていたからです。ただしこの自然というのは、この講の最初で挙げた「人間の主観を離れて独立に存在し、変化する現象の根底をなす永遠に真なるもの」という意味のほうです。

万物の秘密である「青い鳥」を求める人間

私たちに馴染みの深い、ベルギーの詩人モーリス・メーテルリンクの『青い鳥』（一九〇八年）の中にも、自然と人間の間の主導権争いが登場します。子供向けの絵本などにもなっているので、タイトルやあらすじは知っているという人も多いでしょう。もともとは六幕（初演時は五幕）の戯曲で、当時の舞台芸術の最先端を走っていたモスクワ芸術座で、一九一二年に初演されました。

主人公のチルチルとミチルという幼い兄妹は、女の妖精に命じられるままに幸福の「青い鳥」を探し求めて、「イヌ」のチロや「ネコ」のチレット、「光」や「砂糖」、「パン」といった仲間といっしょに旅に出ます。その途中で「森」の中にやってきて、さまざまな植物や動物たちの精と出会うのですが、彼らは決してふたりの子供を暖かく迎えてはくれません。この場面を見てみましょう。一足先にこの場に登場したネコは、森の木々に伝えます。

みなさん、きょうというきょうは大変な日です。あたしたちの敵がみなさんの力を抜きとって、自分の自由にしようとしてやってくるんですよ。それは、あのチルチルといって、これまであなた方をさんざんいじめてつけてきた木こりのむすこなんです。その子は、この世の始まりからあなた方が人間に見つからないようにし、あたしたちの秘密を知っているたった一つのものである青い鳥をさがしているのです。（メーテルリンク　二〇一三、一〇二頁）

また、森の木々の長老である樫の木の精（ヨーロッパ古来の宗教であるドルイド教では、樫は聖なる樹です）は、到着したふたりを前にしてこう話します。

ここにいるこの子供たちは、大地のさまざまな力から盗み出した護符のおかげで、わしたちの青い鳥を手に入れ、この世の始まりから大切にしてきたわしたちの秘密をはぎとることができるようになったのだ。そこで、人間がこの秘密をにぎったとしたらわしたちの運命はどうなるのか、これはもう、わかりすぎているほどよくわかっているはずだ。（メーテルリンク　二〇一三、一一二頁）

チルチルとミチルの求める「青い鳥」とは、樫の木によれば「万物の秘密と幸福の秘密」です。そしてこの「秘密」まで人間が手にしたら、「今よりもなおいっそう、わしたちをこき使うつもりなんだろう」と樫の木は言います。そこで、集まった木々や動物たちの精は、子供たちを葬り去る相談をします。ふたりに向かって、ヒツジは「なにもしなかったっていうのかい、小僧さん。おれの弟と、妹をふたり、おじさんを三人、それにおばさんも、おじいさんも、おばあさんも食っておきながら」と迫りますし、樫の木は「お前の父親は、わしたちを随分ひどい目に合わせてきた。わしの身内だけでも、わしのせがれが六百、おじとおばが四百七十五、いとこたちが千二百、嫁が三百八十、曽孫が一万二千も殺されてるんだぞ」と言います。こうして、動物や植物たちの精はふたりの子供に襲いかかりますが、この闘いで人間の味方になるのがイヌです。長年人間の忠実な友だったこの動物は、こう言います——「おれはたとえひとりでも、お前たちと戦うんだ。いやだ、いやだ、おれは神さまに対して、一番すぐれた、一番偉大なものに対して、忠誠を誓うんだ」。人間対動物や植物との主導権をめぐる争いのときにも、やはり神の名が出てきていることに注意を向けましょう。神に忠誠を誓うということは、人間の側に立つということなのです。そして、最後にこの騒乱を収拾するのが「光」の役割です。

ここで注目したいのは、登場する木々や動物たちは、どれも人間が追い払ったり（オオカミなど）、家畜としたり（ウシ、ヒツジ、ブタなど）、あるいは薪や木材として伐採したりしたもの（ポプラやブナなど）だということです。つまり、松井孝典の言う「フロー依存型人間圏」において、人間たちにさんざん利用されてきた生き物たちです。このように考えれば、「万物の秘密」を握る「青い鳥」というのは、地球に蓄えられた自然の力そのものと見なすこともできるでしょう。まさに「ストック依存型人間圏」の形成が明確になっていくのを目にしたポターやメーテルリンク（ともに一八六〇年代生まれの同世代です）が、こうした人間と自然との関係に明敏だったことも、理由のないことではないと思えます。また、メーテルリンクが『蜜蜂の生活』（一九〇一年）や『白蟻の生活』（一九二七年）、あるいは『花の知恵』（一九〇七年）といった動植物の観察記のような作品を残しているのも、決して偶然ではないでしょう。

さらに言えば、森の暗闇を照らし、混乱を秩序へと向かわせる「光」という登場人物は、人間の「知恵」、あるいは「文明」そのものを体現した存在として捉えることができるかも知れません。森の中での人間たちと動植物との騒乱は、この「光」が登場することで終わりになります。日光も届かなかった森は、人間とともにある「光」の支配下に収まるのです。また、チルチルとミチルは、まだ自分ではものを十分に考えることのできない子供ですが、知恵である「光」がこのふたりのお供となって、「万物の秘密」を探し求める過程で子供がいろいろなことも学んでいくというお話は、きわめて教育的な側面を持っていると言えるでしょう。

自然を支配下に置いて利用し、フロー依存型の人間圏を造り上げることが文明＝光であるという考え方は、たとえば一八世紀のイギリスの作家、ダニエル・デフォーの『ロビンソン・クルーソーの生涯と奇しくも驚くべき冒険』（一七一九年）の中にも、色濃く表れています。日本では『ロビンソン・クルーソー漂流記』といった題名で親しまれていることの小説は、無人島に難破した主人公が船に残っていたごくわずかなものを出発点に、自分の持っている知識と技術を総動員して、ヨーロッパをモデルにした生活環境を築き上げるお話です。つまりロビンソン・クルーソーは、もはやかつて自分の先祖が行ったような狩猟採取による「生物圏」に属するだけにとどまらず、無人島という自然状態の環境を、「人間圏」へと作り変えるわけです。したがって、ここでの自然は人間に対立するものというよりも、征服され、コントロールされるものとして描かれています。主人公はさらに、この島に連れてこられた土着の人間を救い、フライデーと名づけて召使いにするのですが（ここでもやはり、名前を与えるという行為が鍵になっています）、このあたりにはキリスト教の教えを至上のものとして、ヨーロッパの文明をあまねく押し広げていくという考え方が色濃く反映されていて、イギリスやスペインをはじめとしたヨーロッパの国々が、キリスト教とその文明を世界に広げるという使命に燃え、船を駆って外へ外へと出て行った「大航海時代」を引き継いだ時期にふさわしい物語だといえるでしょう。

こうして、デフォーがロビンソン・クルーソーの物語を書いたしばらく後、フランスでは『人間不平等起源論』（一七五五年）や『社会契約論』（一七六二年）などを著わした、ジャン゠ジャック・ルソーが活躍します。彼もまた自然状態と人為状態を考え抜いた思想家ですが、ルソーにとってのひとつの鍵となるのは、「カルチャー（culture）」（フランス語ではキュルチュールと発音します）という言葉です。英語と同様に、フランス語でもこの語は「文化」という人間固有の所業を示しますが、同時に「耕作」という意味にもなります。「畑などを耕すこと」、つまり「人間が自然に働きかける」作業ということです。この働きかけそのものに対するルソーの考えはここでは触れませんが、いずれにしても、このように「カルチャー」というひとつの言葉の中に「文化」と「自然への働きかけ」というふたつの意味がこめられていることは、ヨーロッパ人の自然に対する姿勢を考える上でも示唆的だと思います。

自然の中にいる人間

　こうしてみると、ヨーロッパの人々はつねに自然を支配し、コントロールすること、そして「人間圏」を確立し、発展させることが神から与えられた自分たちの使命であり、それが人間の文明だと考えてきたように思えます。このような人間を中心とした意識は、たとえば絵画では透視図法による近代の「遠近法」のような表現法の中に、その反響を見つけることができるでしょう。つまり、ひとつの視点から世界全体を見通す、という立場です。柄谷行人はこの近代の遠近法が、連続性を持った等質的な空間を前提としていることを指摘して、「すでにリンネは『均質空間』を前提としている。つまり、彼においては、種の分類表は比較解剖学的になされており、相異なる種はもはや〝異質〟ではない」（柄谷　一九八八）と述べています。つまり、すべてのものが同じ土台の上にあることによってはじめて測定可能となり、さまざまな比較による分類が可能になった、ということです。このことを考えれば、遠近法という視座は、芸術の枠を越えて、ヨーロッパの人びとの考え方の基礎を形成していると言えるでしょう。つまり、柄谷が「近代遠近法の空間はデカルト的空間である。デカルトのコギトは、それによってはじめて出てくるのだ」（柄谷　一九八八）と述べているように、「我考える、ゆえに我あり」とするデカルトのコギト、すなわち考える主体としての「私」は、こうして自然も含めた世界を均質のものとして捉えた上で、それを見通す地点に立とうとするのです。

けれども、こうしたヨーロッパ人に比べると、私たち日本人の自然に対する姿勢は少し異なっているように思われます。大正年代の末、駐日フランス大使として足かけ六年にわたって東京に滞在し、その間に関東大震災（一九二三年九月一日）という自然の脅威も体験したフランスの詩人ポール・クローデルは、ある講演の中で日本人と自然の関わりについて、こう語っています。

日本において超自然的なものは、従って自然以外の何ものでもありません。それは文字通り超自然（surnature）〔自然の上にあるもの〕、生の事実が意味の領域にそのまま移し直される、より高度な認証の場なのです。この超自然的なるものは自然の法則に異を立てることなく自然の神秘を強調するのです。宗教の目的はすべて、永遠なるものとの対比の下に、精神を謙遜と沈黙の態度の中に置くことにあります。〔中略〕日本人の心の伝統的な性格というものは、崇敬の気持であり、敬うべきものを前にしたとき自らの個性を小さくすることであり、自分たちを取り巻く生き物たちや諸事物に謙虚な注意を向けることである、ということが私にはわかったように思われます。〔中略〕日本人は自然を服従させるというよりも、自らがその一員となること、自然がとりおこなうさまざまな儀式に参加することへと向かいます。〔中略〕二世紀の間、日本人と自然はただ互いに見つめあうことだけしかしなかったのです。（ポール・クローデル　一九八八、二九〜四〇頁）

こういった自然に対する畏れという感覚は、おそらく、現代の私たちの中にもそのまま引き継がれていると思います。『エヴァンゲリオン新劇場版Q』と同時に上映された庵野秀明の短編特撮映画『巨神兵東京に現る』（二〇一〇年）のために書かれたテキストの中で、舞城王太郎はこう語っています。


創造主ばかりが神ではない。／自分の願いや祈りを聞き届け、叶えてくれる存在だけが神というわけでもない。

大きな災厄が人間と似た形で空から降りてきて、私たちには判る。／畏れこそが神の本質なのだ。

だから人間たちは、自分たちに危害を加え、命を奪おうとするものにも手を合わせ、膝を折り、拝み、祈る。
神と対峙したとき、自分個人の矮小な命など気にする者はいないのだ。
皆、ただひたすら、待つだけだ。（舞城王太郎　二〇一三、四八頁）

巨神兵というのは、宮崎駿の『風の谷のナウシカ』（劇場版アニメは一九八四年、漫画版は一九八二〜九四年）に登場するクリーチャーで、世界を七日間で火の海にした（ちなみに、キリスト教の神は、休息日も入れて七日間で世界を創りました）とされる究極の人型兵器です。アニメ版の中では単なるドロドロした一個の巨大生命体といえるものでしたが、漫画版の中では無垢な子供のような心を持った存在で、オーマという固有の名前まで与えられて（ここでも、名づけるというのは大切な行為です）、闇と光の対決をめぐる大詰めの場面ではナウシカを助け、悲しくも重要な役割を演じます。

自然と芸術の表現

こうして、自然と戦いそれを支配するのではなく、むしろ畏れを抱きながら相手と向かい合うとき、おのずから自然に関わる表現も変わってくることになります。さきほど引用をしたフランスの詩人クローデルは、ヨーロッパと日本の芸術表現を対比させながら、「ヨーロッパの芸術家というのは、自然に対し、自分がそれについて抱いている気持ちに従ってそれを写し取るのに対し、日本の芸術家は、自分が借り受けた方法を使って、それを模倣する。一方は自分を表現し、他方はそれ〔＝自然〕を表現する。一方は作品であり、他方は身振りである。一方は描き、他方は構成する」（Claudel 二〇一〇）と書いています。ここには、人間を中心とした考え方に基づいてあくまで自然を自分の道具のように見るヨーロッパ人と、自然と「ただ互いに見つめあう」ことだけをしてきた日本人の姿勢の違いが、はっきりと示されています。

ところでクローデルが日本に滞在した大正時代は、すでに西洋の近代文明が日本にも浸透し始めて、きわめてコスモポリタン的な状況になっていました。「小説の神様」と呼ばれた志賀直哉も、明治から大正のこうした時代に活躍した芸術家のひとりです。彼が武者小路実篤たちといっしょに活動の拠点とした雑誌『白樺』（一九一〇年創刊）は、積極的に海外の文化を紹介したことでも知られています。たとえロンドンやベルリンに留学していなくても、夏目漱石や森鷗外といった明治期の作家たちよりも、志賀はある意味でより西欧的な精神を持った作家だった、と言えるでしょう。それでは、こういった時代を生きた志賀直哉の作品の中で自然はどのように描かれ、どういった役割を担っているのでしょうか。ここでは『城の崎にて』（一九一七年）から、最後の場面を見てみます。

そんな事があって、又暫《しばら》くして、或夕方、町から小川に沿うて一人段々上へ歩いていった。〔中略〕もう帰ろうと思いながら、あの見える所までという風に角を一つ一つ先へ先へと歩いて行った。物が総て青白く、空気の肌ざわりも冷々として、物静かさが却って何となく自分をそわそわとさせた。大きな桑の木が道傍にある。彼方の、路へ差し出した桑の枝で、或一つの葉だけがヒラヒラヒラヒラ、同じリズムで動いている。風もなく流れの他は総て静寂の中にその葉だけがいつまでもヒラヒラヒラヒラと忙しく動くのが見えた。自分は不思議に思った。多少怖い気もした。〔中略〕自分は淋しい気持になって、漸《ようや》く足元の見える路を温泉宿の方に帰って来た。遠く町端れの灯が見えだした。死んだ蜂はどうなったか。その後の雨でもう土の下に入って了ったろう。あの鼠《ねずみ》はどうしたろう。海へ流されて、今頃はその水ぶくれのした体を塵芥と一緒に海岸へでも打ち上げられている事だろう。そして死ななかった自分は今こうして歩いている。そう思った。自分はそれに対し、感謝しなければ済まぬような気もした。しかし実際喜びの感じは湧き上がっては来なかった。生きている事と死んで了っている事と、それは両極ではなかった。それ程に差はないような気がした。もうかなり暗かった。視覚は遠い灯を感ずるだけだった。足の踏む感覚も視覚を離れて、如何にも不確かだった。只頭だけが勝手に働く。それが一層そういう気分に自分を誘って行った。三週間いて、自分は此処を去った。それから、もう三年以上になる。自分は脊椎カリエスになるだけは助かった。（志賀　二〇〇五、二九〜三一頁）

城崎町は兵庫県の日本海沿いにある、古くからの温泉地です。「山の手線の電車に跳飛ばされて怪我をした、その後養生に、一人で但馬の城崎温泉へ出掛けた」と小説の冒頭に示されているように、志賀自身と思われる語り手は、事故にあって大けがをします。その治療のために「自分」はこの地に滞在するのですが、そこで蜂、鼠、イモリといった小動物の死と出会います。とくに最後のイモリに関しては、主人公が気まぐれに投げた石があたって偶然に命を奪ってしまうという結果になります。ひらひらと揺れる桑の葉は、文字どおり、生と死の境を位置づけるものでしょう。そして、「生きている事と死んで了っている事と、それは両極ではなかった。それ程に差はないような気がした」というほどにそれらは隣接していて、いわばその両方が同時に存在しています。ここでは蜂やイモリといった死を得た動物たちと、人間である「自分」の間に優劣はありません。極端なことを言えば、「死」という生物であれば必ず触れなくてはならない自然の現象を前にして、ある意味では人間も動物たちも差はないのです。「自分は脊椎カリエスになるだけは助かった」という最後の短い文章には、そのような自然の中にいるひとりの人間という認識がこめられているように感じられます。

あるいは、志賀の唯一の長編小説『暗夜行路』(一九二一〜三七年)にしても、最後の場面では鳥取県の伯耆大山という、日常生活とはまったく異なった場に主人公が赴きます。この地にはきわめて豊かな自然があり、主人公の時任謙作はそれに囲まれることで、心が落ち着いてくるのを感じます。

永年、人と人と人との関係に疲れ切ってしまった謙作には此所の生活はよかった。〔中略〕縁へ登る石段に腰かけていると、よく前を大きな蜻蜓《やんま》が十間ほどの所を往ったり来たりした。両方に強く翅《はね》を張って地上三尺ばかりの高さを真直ぐに飛ぶ。そして或る場所で向きを変えるとまた真直ぐに帰ってくる。翡翠《ひすい》の大きな眼、黒と黄の段だら染め、細くひきしまった腰から尾への強い線、——みんな美しい。殊にその如何にもしっかりした動作が謙作にはよく思われた。〔中略〕水谷のような人間の動作とこれを較べ、どれだけかこの小さな蜻蜓《やんま》の方が上等か知れない気がした。〔中略〕彼は石の上で二匹の蜥蜴《とかげ》が後足で立上ったり、跳ねたり、からまり合ったり、軽快な動作で遊び戯れているのを見、自らも快活な気分になった。〔中略〕彼は青空の下、高い所を悠々舞っている鳶《とび》の姿を仰ぎ、人間の考えた飛行機の醜さを思った。彼は三、四年前自身の仕事に対する執着から海上を、海中を、空中を征服して行く人間の意志を讃美していたが、いつか、まるで反対な気持になっていた。人間が鳥のように飛び、魚のように水中を行くという事は果たして自然の意志であろうか。こういう無制限な人間の欲望がやがて何かの意味で人間を不幸に導くのではなかろうか。人智に思いあがっている人間は何時かそのために酷い罰を被る事があるのではなかろうかと思った。（志賀二〇一四、後篇二六九～二七一頁）

自然と一体化するとまではいわないまでも、自然とともにあるという感覚が主人公の中で何かを変えていくのが、ここから感じ取れるでしょう。このあと、謙作は伯耆大山に登るのですが、下山して病気になり高熱を発します。ここでの大山は、ある意味で『城の崎にて』に描かれた城崎という場、さらには、そこで志賀直哉が見た「桑の葉」の役割を果たしているのかも知れません。それは単純に言えば生と死の境ですが、このように現実世界と異質な世界が境を接しながら同時にほとんど同じものとして存在しているという知覚、クローデルの言葉を借りれば「超自然」に対する知覚を、私たちは自然の中に入り込む小説の登場人物といっしょに感じ取ることになります。

こうした異質な世界がすぐ傍に並立しているという感覚は、幻想的な作品で知られる泉鏡花の小説などでは、いっそう顕著です。『竜潭譚』（一八九六年）では、小さな男の子が一面の赤い躑躅《つつじ》が咲く丘でハンミョウを追いかけていくうちに、不思議な、けれどもどこかに親和力を持った世界に紛れ込んでしまいます。あるいは現代であれば、村上春樹の小説はまさに、いくつもの世界が併存している設定の上に書かれています。たとえば『世界の終りとハードボイルドワンダーランド』（一九八五年）では、文字どおりふたつの世界が並行的に描かれていますし、『ねじまき鳥クロニクル』（一九九二〜九五年）では、地の底の井戸がふたつの世界をつなぐ役割を果たしていました。

世界を均質なものとして捉え、遠近法ですべてを見渡し、観察と分類によってあらゆるものを把握していこうとする近代ヨーロッパ的な視点とは異なり、私たちの世界は常に異質なもの、ときには目に見えない世界と境界を接しながら存在することでできあがっているひとつの場なのだ――これらの作品で描かれた自然からは、世界に対するそういった見方が浮かび上がってくるように思われます。

霧の向こうの世界

最後に、外交官として日本にしばらく滞在したフランス人のクローデルとは逆に、ヨーロッパで長く暮らした私たちと同時代の日本人が、私たちの感性でヨーロッパの自然を捉えつつ、文学作品に昇華させた例を見ておきたいと思います。作者の須賀敦子は一九六〇年代からフランスに留学し、その後はイタリアに長く暮らし、ミラノで出会ったイタリア人のジョゼッペ・リッカ（通称ペッピーノ）と結婚します。彼女は夫の助けを得ながら、イタリア文学を日本に紹介するとともに、日本文学をイタリア語に訳す仕事を続けます。けれども、残念なことにペッピーノが突然に亡くなってしまい、彼女は日本に帰国した後、大学で教鞭を取りながら作品を発表していきます。ここで紹介するのは、彼女が最初に刊行した作品集『ミラノ　霧の風景』の中から、冒頭におかれた「遠い霧の匂い」の書き出しと結びの部分です。

乾燥した東京の冬には一年に一度あるかないかだけれど、ほんとうにまれに霧が出ることがある。夜、仕事を終えて外にでたときに、霧がかかっていると、あ、この匂いは知っている、と思う。十年以上暮らしたミラノの風物でなにがいちばんなつかしいかと聞かれたら、私は即座に「霧」とこたえるだろう。ところが、最近の様子を聞くと、この霧がだんだん姿を消しはじめたようである。ミラノの住人達は、だれもはっきりした理由がわからないままに、ずっと昔から民謡やポップスで歌われてきた霧が、どうしたことか、ここ数年はめずらしくなったという。〔中略〕

夕方、窓から外を眺めていると、ふいに霧が経ちこめてくることがあった。あっという間に、窓から五メートルと離れていないプラタナスの並木の、まず最初に梢が見えなくなり、ついには太い幹までが、濃い霧の中に消えてしまう。街灯の明りの下を、霧が生き物のように走るのを見たこともあった。そんな日には、何度も窓のところに走って行って、霧の濃さを透かして見るのだった。

ミラノ育ちの夫は、霧の日の静かさが好きだった。〔中略〕

その夜、ローザは、なにか仕事が残っているので、あまりおそくまでいられない、と言っていた。おそくない、と言っても、ミラノの夕食は八時だから、十時にはなっていただろう。

霧がひどいから、弟さんのテミが車で迎えに来てくれるはずだった。〔中略〕テミは、しかし、なかなか現れなかった。〔中略〕
テミが、その週末、ピエモンテ地方のアルプス山麓までグライダーに乗りに行っていたこと、ローザを迎えに来るのはその帰りだったことを、彼女はその夜、私たちに言わなかった。それで、来ない、来ないと心配しているローザを、きっと急に都合がわるくなったのよ、と平気な顔でなぐさめて、彼女のためにタクシーを呼んだ。
翌日の新聞で、私たちはテミの操縦していたグライダーが、山に衝突して墜落し、テミが行方不明になったことを知った。生存の可能性はまったくないという。雪が深くて、春まで事故の現場には登れない、と新聞は報じていた。

ミラノに霧の日は少なくなったというけれど、記憶の中のミラノには、いまもあの霧が静かに流れている。(須賀　二〇〇一、七〜一四頁)

一見すると、かつて暮らしたミラノでの生活を懐かしく回想した、ごく普通のエッセイのように読めるかも知れません。けれども、淡々とした筆致のうしろには、さりげなく、テミというひとりの人間の死が示されています。また、須賀敦子の最愛のご主人だったペッピーノがすでに亡くなっていることがわかると、いっそう、いなくなってしまった人たちに対する作者の心が滲み出てきているように感じられます。そしてこの本のあとがきには、文字どおり、「いまは霧の向うの世界に行ってしまった友人たちに、この本を捧げる」という一文が添えられているのです。

「霧」という自然の扉の向こう側には、記憶とともに、というよりも記憶を越えて（ちょうどマルセル・プルーストの『失われた時を求めて』のように）、亡くなった人たちのいる世界が存在している、そして稀であっても扉は開くことがあるのだ――視界を遮る霧は、近代ヨーロッパの遠近法のようにすべてを見渡すことを許してはくれないけれども、私たちの世界は常に別の異質な、けれども、私たちのものと親和力を持った世界と触れあっているのだという祈りにも似た確信が、ここにはあります。ノーベル文学賞を受賞した直後の川端康成とイタリアで会った際、直前に亡くなったペッピーノのことに触れて、須賀が「あのことも聞いておいてほしかった、このこともいっておきたかったと、そんなふうにばかりいまも思って」と話したときに、川端は「それが小説なんだ。そこから小説がはじまるんです」と「視線をそらせ、まるで周囲の森にむかっていいきかせるように」（須

賀 二〇〇八）語ったといいます。須賀のこのエッセイは小説でこそありませんが、川端康成が示したこの境地をめざして書かれた作品であるように感じられます。

『身体の文学史』の中で、養老孟司は解剖学者という立場から、明治以降の日本文学がいかに身体を無視する方向に進んできたのかを描いてみせてくれます。たしかに、私たち人間にとって一番身近な自然とは、ほかならぬ私たちの身体でしょう。そして、その身体が経験する生と死は、自分が自然の一員であることを嫌がうえにでも教えてくれるものに他なりません。最初に引用をした小林秀雄の蛍の話や、小川洋子が挙げた例、あるいは最後の志賀直哉、須賀敦子などの作品で、自然を感じさせるものがすべて何らかの形で生と死に関係していることは、偶然ではないのかもしれません。

現実に存在して、私たちを常に取り囲んでいる自然は、自然科学が見ている自然とはまた別に、身体という感覚、さらに芸術の創作という人間の想像力の力を借りて、ある意味でバーチャルな感覚がそこに加わることで、計量化できないもの、均質ではない世界を垣間見させてくれる――現実と虚構がかつてないほど接近してきている現代の社会で、芸術がなお、まだ表現しようと目指すのは、こうした新たな自然の姿なのかもしれません。

参考文献

第1講　人類と自然環境のかかわりを考える

青山和夫・米延仁志・坂井正人・高宮広人編『文明の盛衰と環境変動――マヤ・アステカ・ナスカ・琉球の新しい歴史像』岩波書店、二〇一四年。

赤澤威・南川雅男「炭素・窒素同位体分析に基づく古代人の食生活の復元」田中琢・佐原眞編『新しい研究法は考古学になにをもたらしたか』クバプロ出版、一三〇～一四三頁、一九八九年。

D・アーノルド『環境と人間の歴史――自然、文化、ヨーロッパの世界的拡張』飯島昇藏・川島耕司訳、新評論、一九九九年。

池谷和信編『地球環境史からの問い――ヒトと自然の共生とは何か』岩波書店、二〇〇九年。

梅棹忠夫『文明の生態史観』中公文庫、一九九八年。

J・ダイアモンド『銃・病原菌・鉄――1万3000年にわたる人類史の謎』倉骨彰訳、草思社、上下巻、二〇〇〇年（文庫版、二〇一二年）。

J・ダイアモンド『文明崩壊――滅亡と存続の命運を分けるもの』楡井浩一訳、草思社、上下巻、二〇〇五年（文庫版、二〇一二年）。

高谷好一『世界単位論』京都大学学術出版会（学術選書四三）、二〇一〇年。

A・J・トインビー『世界の名著七三　トインビー』長谷川松治訳、中公バックス、一九七九年。

羽田正『新しい世界史へ——地球市民のための構想』岩波新書、二〇一一年。

春成秀爾・藤尾慎一郎・今村峯雄・坂本稔「弥生時代の開始年代—14C年代の測定結果について—」日本考古学協会第六九回総会研究発表要旨、六五〜六八頁、二〇〇三年。

E・ハンチントン『気候と文明』間崎万里訳、岩波書店、一九三八年。

S・P・ハンチントン『文明の衝突』鈴木主悦訳、集英社、一九九八年。

B・フェイガン『古代文明と気候大変動　人類の運命を変えた二万年史』東郷えりか訳、河出書房新社、二〇〇五年。

B・フェイガン『千年前の人類を襲った大温暖化　文明を崩壊させた気候変動』東郷えりか訳、河出書房新社、二〇〇八年。

藤尾慎一郎『弥生時代の歴史』講談社現代新書、二〇一五年。

G・W・F・ヘーゲル『歴史哲学講義』長谷川宏訳、岩波文庫、上下巻、一九九四年。

M・E・マン『地球温暖化論争　標的にされたホッケースティック曲線』藤倉良・桂井太郎訳、

化学同人、二〇一四年。

南川雅男「炭素・窒素同位体分析により復元した先史日本人の食生態」『国立歴史民俗博物館研究報告』八六、三三三〜三五七頁、二〇〇一年。

水島司『グローバル・ヒストリー入門』山川出版社（世界史リブレット一二七）、二〇一〇年。

安田喜憲『気候変動の文明史』NTT出版、二〇〇四年。

安田喜憲『環境考古学事始――日本列島2万年の自然環境史』洋泉社MC新書、二〇〇七年。

吉田真弥・高岡貞夫・森島済・Mario B. COLLADO「植物珪酸体分析からみたルソン島中央平原パイタン湖における過去およそ2，500年間の植生変遷」『地理学評論 Series A』第八四巻第一号、六一〜七三頁、二〇一一年。

L・v・ランケ『世界史の流れ――ヨーロッパの近・現代を考える』村岡哲訳、ちくま学芸文庫、一九九八年。

E・ル＝ロワ＝ラデュリ『気候と人間の歴史・入門――中世から現代まで』稲垣文雄訳、藤原書店、二〇〇九年。

Benson, L., Petersen, K., and Stein, J., Anasazi (Pre-Columbian Native-American) Migrations During The Middle-12th and Late-13th Centuries - Were they Drought Induced?, *Climatic Change*,

Volume 83, Number 1–2, pp. 187–213, 2007.
Cook, E. R., Woodhouse C. A., Eakin, C. M., Meko, D. M., Stahle, D. W., Long-Term Aridity Changes in the Western United States, *SCIENCE*, 306, pp. 1015–1018, 2004.
Goehring, G. M. et al., Holocene dynamics of the Rhone Glacier, Switzland, deduced from ice flow models and cosmogenic nuclides, Earth and Planetary Science Letters, 351–352, pp. 27–35, 2012.
Ljungqvist, F.C., A new reconstruction of temperature variability in the extra-tropical Northern Hemisphere during the last two millennia. Geografiska Annaler Series A 92 : pp.339–351, 2010.
Mann, M. E., Medieval Climatic Optimum. In M. C. MacCracken and J. S. Perry (eds.), *Encyclopedia of Global Environmental Change*, 1, pp. 514–516, 2002.
Ramsey C. B. et al., A Complete Terrestrial Radiocarbon Record for 11.2 to 52. 8 kyr B. P., *SCIENCE*, 338, pp. 370–374. 2012.

第2講　高精度環境復元の試み

青山和夫・米延仁志・坂井正人・高宮広土『マヤ・アンデス・琉球——環境考古学で読み解く「敗者の文明」』朝日選書、二〇一四年。

川上紳一『新装版　縞々学——リズムから地球史に迫る』東京大学出版会（ＵＰコレクション）、二〇一五年。

中川毅『時を刻む湖——7万枚の地層に挑んだ科学者たち』岩波科学ライブラリー、二〇一五年。

シェリダン・ボウマン『年代測定』北川浩之訳、學藝書林（大英博物館双書③）、一九九八年。

安田喜憲『気候変動の文明誌』ＮＴＴ出版、二〇〇四年。

安田喜憲編『環境考古学ハンドブック』朝倉書店、二〇〇四年。

第３講　人骨から生老病死を探る

平本嘉助「縄文時代から近代に至る関東地方人身長の時代的変化」『人類学雑誌』八〇、二二〇一—二三六頁、一九七二年。
Andrushko, V.A., Verano, J.W., Prehistoric trepanation in the Cuzco region of Peru：a view into an ancient Andean practice. *American Journal of Physical Anthropology*, 137, pp. 4–13, 2008.
Kim, Y.S., Kim, M.J., Yu, T.Y., Lee, I.S., Yi, Y.S., Oh, C.S., Shin, D.H., Bioarchaeological Investigation of Possible Gunshot Wounds in 18th Century Human Skeletons from Korea, *International Journal of Osteoarchaeology*, 23, pp. 716–722, 2013.

Larsen, C.S., *Bioarchaeology: Interpreting Behavior from the Human Skeleton*, Cambridge, Cambridge University Press, 1997.
White, T.D., Black, M.T., Folkens, P.A., *Human Osteology* (*third edition*), Amsterdam, Boston, Heidelberg, London, New York, Oxford, Paris, San Diego, San Francisco, Singapore, Sydney, Tokyo, Academic Press, 2011.

第4講　砂漠で生きる

坂田隆『砂漠のラクダはなぜ太陽に向くか?——身近な比較動物生理学』講談社ブルーバックス、一九九一年。

坂田隆『ヒトコブラクダ』臨川書店、二〇一六年。

縄田浩志、篠田謙一編著『砂漠誌　人間・動物・植物が水を分かち合う知恵』東海大学出版部、二〇一四年。

第5講　モノ・カネ・人そして病原体の移動

D・アーノルド『環境と人間の歴史』飯島昇藏・川島耕司訳、新評論、一九九九年。

飯島渉『感染症の中国史』中公新書、二〇〇九年。

岡田晴恵『人類vs感染症』岩波ジュニア新書、二〇〇四年。

G・クラーク『10万年の世界経済史』久保恵美子訳、日経BP社、上下巻、二〇〇九年。

A・W・クロスビー『ヨーロッパ帝国主義の謎――エコロジーから見た10～20世紀』佐々木昭夫訳、岩波書店、一九九八年。

J・ダイアモンド『銃・病原菌・鉄――1万3000年にわたる人類史の謎』倉骨彰訳、草思社、上下巻、二〇〇〇年（文庫版、二〇一二年）。

D・デフォー『ペスト』平井正穂訳、中公文庫、二〇〇九年。

M・ドブソン『Disease　人類を襲った30の病魔』小林力訳、医学書院、二〇一〇年。

ウィリー・ハンセン、ジャン・フレネ『細菌と人類　終わりなき攻防の歴史』渡辺格訳、中公文庫、二〇〇八年。

ウィリアム・H・マクニール『疫病と世界史』佐々木昭夫訳、中公文庫、上下巻、二〇〇七年。

T・R・マルサス『人口論』永井義雄訳、中公文庫、一九九二年
見市雅俊・高木勇夫・柿本昭人・南直人・川越修『青い恐怖　白い街　コレラ流行と近代ヨーロッパ』平凡社、一九九〇年

見市雅俊・斎藤修・脇村孝平・飯島渉編『疾病・開発・帝国医療　アジアにおける病気と医療の歴史学』東京大学出版会、二〇〇一年。

水島司『グローバル・ヒストリー入門』山川出版社、二〇一〇年。

村上陽一郎『ペスト大流行――ヨーロッパ中世の崩壊』岩波新書、一九八三年。

山本太郎『感染症と文明――共生への道』岩波新書、二〇一一年。

M・リヴィ-バッチ『人口の世界史』速水融・斉藤修訳、東洋経済新報社、二〇一四年。

Harrison, M., *Disease and the Modern World: 1500 to the Present Day*, Cambridge, Polity Press, 2004.

Hays, J. N., *Epidemics and Pandemics: Their Impacts on Human History*, Santa Barbara, ABC-CLIO, 2005.

第6講　自然と人間のかかわりあいの狭間で

※以下に示した出版年は初出の年ではなく、現在、版を重ねているものに関しては、比較的手に入れやすい、新しいものを中心に記載した。

安藤宏『「私」をつくる　近代小説の試み』岩波新書、二〇一五年。

泉鏡花「竜潭譚」『鏡花短編集』川村二郎編、岩波文庫、一九八七年。

伊藤亜紗『目の見えない人は世界をどのように見ているのか』集英社新書　二〇一五年。

今道友信『西洋哲学史』講談社学術文庫、一九八八年。

トム・ウェイクフォード『共生という生き方』遠藤圭子訳、丸善出版、二〇一二年。

ポール・ヴェルレーヌ『ヴェルレーヌ詩集』堀口大学訳、新潮文庫、一九五〇年。

小川洋子『物語の役割』ちくまプリマー新書、二〇〇七年。

柄谷行人『日本近代文学の起源』講談社文芸文庫、一九八八年。

ポール・クローデル『朝日の中の黒い鳥』内藤高訳、講談社学術文庫、一九八八年。

越宏一『ヨーロッパ美術史講義――風景画の出現』、岩波セミナーブック、二〇〇四年。

小林秀雄「感想」『小林秀雄全作品』別巻1、新潮社、二〇〇二年。

小林秀雄「近代科学について」『小林秀雄講演　第2巻　信ずることと考えること』新潮CD、二〇〇四年。

志賀直哉「城崎にて」『小僧の神様・城の崎にて』(改版)、新潮文庫、二〇〇五年。

志賀直哉『暗夜行路』岩波文庫、前後篇、二〇一四年。

須賀敦子『ミラノ　霧の風景』白水社（須賀敦子コレクション）、二〇〇一年。

須賀敦子「小説のはじまるところ」『ちくま日本文学全集四七　川端康成』、二〇〇八年。

清少納言『枕草子』石田穣二訳註、角川ソフィア文庫、上下巻、一九九七年。

鯖田豊之『肉食の思想　ヨーロッパ精神の再発見』中公文庫　二〇〇七年。

『聖書』新共同訳、日本聖書協会、二〇〇九年。

ダニエル・デフォー『完訳　ロビンソン・クルーソー』増田義郎訳、中公文庫、二〇一〇年。

中山理『イギリス庭園の文化史　夢の楽園と癒しの庭園』大修館書店、二〇〇三年。

エルヴィン・パノフスキー『〈象徴形式〉としての遠近法』ちくま学芸文庫、二〇〇九年。

ジル・ハミルトンほか『ウィリアム・モリスの庭――デザインされた自然への愛』東洋書林、二〇〇二年。

オギュスタン・ベルク『日本の風景・西欧の景観　そして造景の時代』篠田勝英訳、講談社現代新書、一九九〇年。

ビアトリクス・ポター『ピーターラビットのおはなし（ピーターラビットの絵本1　新装版）』いしいももこ訳、福音館、二〇〇二年。

舞城王太郎「巨神兵　東京に現る」『文藝』二〇一三年夏季号、河出書房新社、二〇一三年。

松井孝典『我関わる、ゆえに我あり――地球システム論と文明』集英社新書、二〇一二年。

ジョン・ミルトン『失楽園』平井正穂訳、岩波文庫、一九八一年。

アラン・アレクサンダー・ミルン『くまのプーさん（新版）』石井桃子訳、岩波書店、二〇〇〇年。

村上春樹『世界の終りとハードボイルドワンダーランド』新潮社、二〇〇五年。

村上春樹『ねじまき鳥クロニクル』新潮文庫　一九九七年。

モーリス・メーテルリンク『青い鳥（改版）』堀口大学訳、新潮文庫、二〇一三年。

茂木健一郎『脳と仮想』新潮文庫、二〇〇七年。

養老孟司『身体の文学史』新潮選書、二〇一〇年。

吉田新一『ピーターラビットの世界』日本エディタースクール出版部、一九九四年。

ピエール・ド・ロンサール『ロンサール詩集』井上究一郎訳、岩波文庫、二〇一四年。

ウィリアム・ワーズワス『対訳ワーズワス詩集　イギリス詩人選（三）』山内久明訳、岩波文庫、一九九八年。

若松英輔『生きる哲学』文春新書、二〇一四年。

Claudel, Paul, *Connaissance de l'est / L'Oiseau noir dans le soleil levant*, Gallimard, 2010.

トピック1　マヤ文明の多様性と自然環境

青山和夫『マヤ文明　密林に栄えた石器文化』岩波新書、二〇一二年

青山和夫『マヤ文明を知る事典』東京堂出版、二〇一五年

トピック2　人類の進化と地球環境

海部陽介『日本人はどこから来たのか？』文芸春秋、二〇一六年。

Castañeda, I. S., et al., *Proceedings of the National Academy of Sciences*, vol.106 No.48, pp. 20159–20163, 2009.

Isaji, Y. et al., *Geophysics Research Letters*, 42, pp. 1880–1887, 2015.

Lahr, M. M., Saharan Corridors and Their Role in the Evolutionary Geography of 'Out of Africa I'. *In* J. G. Fleagle et al. (eds.) *Out of Africa I: The First Hominin Colonization of Eurasia, Vertebrate Paleobiology and Paleoanthropology*, pp. 27–46, Springer Science+Business Media B. V. 2010.

Chapter 3. Out of Africa *I: The First Hominin Colonization of Eurasia, Vertebrate Paleobiology and Paleoanthropology*, Springer, 2010.

トピック３　南米アンデスにおけるラクダ科動物
稲村哲也『リャマとアルパカ――アンデスの先住民社会と牧畜文化』花伝社、一九九五年。
山本紀夫編『アンデス高地』京都大学学術出版会、二〇〇七年。

トピック４　誰の視点から歴史を見るか
井上幸孝『メソアメリカを知るための５８章』明石書店、二〇一四年。
ミグル・レオン＝ポルティーヤ編『インディオの挽歌　アステカから見たメキシコ征服史』山崎眞次訳、成文堂、一九九二年。
Matthew, Laura E. and Michel R. Oudijk, (eds.), *Indian Conquistadors : Indigenous Allies in the Conquest of Mesoamerica*, University of Oklahoma Press, 2007.

トピック５　環境と経営
C・I・バーナード『経営者の役割』山本安次郎・田杉競・飯野春樹訳、ダイヤモンド社、一九五六年。

馬場杉夫・蔡仁錫・福原康司・伊藤真一・奥村経世・矢澤清明『マネジメントの航海図――個人と組織の複眼的な経営管理』中央経済社、二〇一五年。

トピック6　中国の宗教思想と自然

土屋昌明、ヴァンサン・ゴーサール編『道教の聖地と地方神』東方書店、二〇一六年。
廣瀬玲子『人ならぬもの――鬼・禽獣・石』法政大学出版局、二〇一五年。

あとがき

本書が企画された経緯については「本書を手にした皆さんへ」に述べられているとおりです。編者である佐藤と井上の専門分野は異なりますが、研究室が近いことや、異なるテーマでしたが同時期に文部科学省研究費補助金・新学術領域研究に参加していたこともあり、お互いの授業や研究について、分野を超えてさまざまな話をしていました。

専修大学では二〇一四年度からカリキュラムの見直しを行い、融合領域科目という科目群を創設しました。それまでにも総合教育科目という科目群があって、広い学問分野に関わるテーマを扱う科目は開講されていましたが、複数分野をより有機的に結びつけるような科目を提供する目的で見直しを行いました。佐藤と井上の研究室の本棚には、専門分野が異なるにもかかわらず、ダイアモンドの『銃・病原菌・鉄』など同じ本が並んでいました。その内容の正否は別にして、ダイアモンドのような視点で人間生活や歴史を捉えられるようになれば、異なる専門分野を学んでいく学生にも新たな学修のモチベーションになるのでは、と二人で考えるようになりました。そこで、専修大学以外の先生方にもご協力をいただいて、科目を開講することになったのです。

学習したことを有機的に結びつけるというのは非常に難しいことです。教員がどんなに「これとこれにはこのような関係がある」と言っても、学習者自身が学んだことを整理し、結びつけなければ実現されたとは言い難いでしょう。そのような困難さがあることは承知の上で、講義では本書にあるようなさまざまな学問分野からの切り口を提供し、学生に、自らが学んでいること、学んできたこととの結びつきを少しでも意識してもらうように心がけています。本書によって学生がさまざまな専門分野の成果にじっくりと触れる機会がさらに増えたことになります。私たちの開講している科目以外にも、融合領域科目には多彩な科目が開講されています。これからも、「真に学ぶ」機会を学生に提供できるよう努力していこうと考えています。

最後になりましたが、二〇一六年四月二五日に逝去された専修大学前学長の矢野建一先生に本書を捧げます。多くの大学で学生主体の学びを目指したカリキュラムへの転換が議論され、実施されています。専修大学の二〇一四年度からのカリキュラム改正もそのような流れの中で導入されました。このカリキュラム改正の議論の只中に学長に就任され、新しいカリキュラムの導入やその後のさまざまな諸課題に取り組まれたのが矢野建一先生でした。融合領域科目の意義について深い理解を示され、科目の設置についてもさまざまな助言をくださいました。矢野先生のご専門は日本古代の宗教史および文化史であり、「時間ができたら、自然との関連も議論しましょう」とも話していたところでした。本書の企画をご説明した際には「専修大学の教育を広く知ってもらうためにも、このような書籍の出版はぜひするべきだ」と、後押ししていただきました。編者の力不足で、ご存命中に本書をお読みいただくことができなかったことが悔やまれます。

二〇一六年七月

佐藤　暢

永島　剛（ながしま　たけし）【第５講】

専修大学経済学部教授、D.Phil.（History）

［専門］ 社会経済史、医療史

［主要著書・論文］ Meiji Japan's encounter with the English system for the prevention of infectious disease（*The East Asian Journal of British History,* vol. 5, 2016）、「近代イギリスにおける生活変化と勤勉革命論―家計と人々の健康状態」（『専修経済学論集』48巻２号、2013年）、"Britain as a model for Japan's modernization？ Japanese views of contemporary British socio-economic history"（*Twentieth Century British History,* vol. 23, 2012）。

根岸徹郎（ねぎし　てつろう）【第６講】

専修大学法学部教授、博士（文学）

［専門］ フランス文学・現代演劇

［主要著書・訳書］「紙・墨・筆―クローデルが日本で刊行した四冊の本を巡って」（『学芸の還流』専修大学出版局、2014年）、M. ンディアイ『パパも食べなきゃ』（れんが書房新社、2013年）、J. ジュネ『公然たる敵』（月曜社、2011年、共訳）、『日本におけるポール・クローデル』（クレス出版、2010年、共著）。

福原康司（ふくはら　やすし）【トピック５】

専修大学経営学部准教授、博士（経営学）

［専門］ 経営学、経営組織論

［主要著書・論文］ A critical interpretation of bottom-up management and leadership styles within Japanese companies：a focus on empowerment and trust（*AI & Society,* 31(1), 2016年）、『マネジメントの航海図』（中央経済社、2015年、共著）。

土屋昌明（つちや　まさあき）【トピック6】

専修大学経済学部教授、修士（文学）
［専門］中国文学・思想史
［主要著書］『道教の聖地と地方神＝Daoist sacred sites and local gods』ヴァンサン・ゴーサールと共編（東方書店、2016年）、『人ならぬもの：鬼・禽獣・石』廣瀬玲子編（法政大学出版局、2015年）。

鳥塚あゆち（とりつか　あゆち）【トピック3】

青山学院大学国際政治経済学部助教、修士（文学）
［専門］文化人類学、ラテンアメリカ地域研究、牧畜文化研究
［主要著書・論文］「南米ラクダ科動物肉の消費と流通に関する一考察：ペルー、クスコ県の事例より」（『奈良史学』第32号、2015年）、Camélidos andinos: un análisis sobre los cambios en su utilización（*Tinkuy,* Número 1, 2013年）、「開かれゆくアンデス牧民社会：ペルー南部高地ワイリャワイリャ村を事例として」（『文化人類学』第74巻第1号、2009年）。

長岡朋人（ながおか　ともひと）【第3講】

聖マリアンナ医科大学医学部准教授、博士（医学）
［専門］自然人類学
［主要著書・論文］Paleodemography of the early modern human skeletons from Kumejima (Okinawa, Japan) (*Quaternary International*, 405: 222-232, 2016、共著）、A case study of a high-status human skeleton from Pacopampa in Formative-Period Peru. (*Anatomical Science International*, 87: 234-237, 2012、共著).

執筆者紹介（50音順）

青山和夫（あおやま　かずお）【トピック1】

茨城大学人文学部教授、Ph.D.（人類学）
［専門］マヤ文明学、メソアメリカ考古学、文化人類学
［主要著書］『マヤ文明を知る事典』（東京堂出版、2015年）、『文明の盛衰と環境変動』（岩波書店、2014年、共編著）、『古代マヤ』（京都大学学術出版会、2013年）、『マヤ文明』（岩波新書、2012年）、『古代メソアメリカ文明』（講談社選書メチエ、2007年）。

五反田克也（ごたんだ　かつや）【第2講】

千葉商科大学国際教養学部教授　博士（理学）
［専門］　地質学、特に古環境学
［主要著書・論文］「白神山地周辺における過去1万2千年間の植生変遷：ブナ林の成立と気候変動との関係」（『政策情報学の視座』、2011年、分担執筆）、Disturbed vegetation reconstruction using the biomization method from Japanese pollen data: Modern and Late Quaternary samples.（*Quaternary International*, 2008年、共著）、「バイオーム考古学」（『環境考古学ハンドブック』、2004年、分担執筆）

坂田　隆（さかた　たかし）【第4講】

石巻専修大学理工学部教授、博士（農学）
［専門］栄養生理学（大腸、食物繊維、腸内細菌）、ラクダ、震災復興
［主要著書・論文］『砂漠のラクダはなぜ太陽に向くか？―身近な比較動物生理学』（講談社、1991年）、*Physiological and Clinical Aspects of Short-Chain Fatty Acids*（Cambridge University Press, 1995年、共編・共著）、『砂漠誌：人間・動物・植物が水を分かち合う知恵』（東海大学出版部、2014年、共著）。

編者紹介

井上幸孝（いのうえ　ゆきたか）【第1講、トピック4】

専修大学文学部教授、博士（文学）
[専門] 歴史学（ラテンアメリカ史）
[主要著書・論文]『メソアメリカを知るための58章』（明石書店、2014年、編著）、*Indios, mestizos y españoles : Interculturalidad e historiografía en la Nueva España*（México, 2007, 共著）、「アステカ社会と環境文明史――メソアメリカ自然観の理解に向けて」（『第四紀研究』52巻4号、2012年）。

佐藤　暢（さとう　ひろし）【第1講、トピック2】

専修大学経営学部教授、博士（理学）
[専門] 地球科学、特に海底岩石学、テクトニクス
[主要著書・論文] Petrology and geochemistry of mid-ocean ridge basalts from the southern Central Indian Ridge （Springer Japan、2015年、共著）、『地球の科学　変動する地球とその環境』（北樹出版、2013年）、「中央海嶺玄武岩の化学組成の多様性とその成因」（『地学雑誌』117巻1号、2008年、共著）。

SI Libretto ——007

人間と自然環境の世界誌——知の融合への試み

2017年3月15日　第1版第1刷発行

編　者	井上幸孝・佐藤　暢
発行者	笹岡五郎
発行所	専修大学出版局
	〒101-0051 東京都千代田区神田神保町3-10-3 ㈱専大センチュリー内
	電話 03（3263）4230㈹
装　丁	本田　進
印刷・製本	株式会社加藤文明社

ISBN978-4-88125-309-0

創刊の辞

専修大学創立一三〇年を記念して、ここに「SI　Libretto（エスアイ・リブレット）」を刊行いたします。専修大学の前身である「専修学校」は、明治一三年（一八八〇年）に創立されました。京橋区木挽町にあった明治会堂の別館においてその呱々の声をあげ、その後、現在の千代田区神田神保町に本拠地を移して、一三〇年の間途絶えることなく、私学の高等教育機関として、社会に有為な人材を輩出してまいりました。明治維新前後の動乱の中を生き抜いた創立者たちは、米国に留学し、帰国して直ちに「専修学校」を立ち上げましたが、その目的は、日本語によって法律学および経済学を教授することを突破口として、市民レベルから社会の骨格を支える有為な人材を育成することにありました。創立者たちのこの熱き思いを二一世紀に花開かせるために、専修大学は、二一世紀ビジョンとして「社会知性（Socio-Intelligence）の開発」を掲げました。

大学の教育力・研究力をもとにした社会への「知の発信」を積極的に行うことは、本学の二一世紀ビジョンを実現する上で重要なことであります。そこで、社会知性の開発の一端を担う本を刊行することとし、その名称としては、Socio-Intelligence の頭文字を取り、かつ内容を分かり易く解き明かした手軽な小冊子という意味を込めて、「SI　Libretto」（エスアイ・リブレット）の名を冠することにいたしました。「SI　Libretto」が学生及び卒業生に愛読されるだけでなく、専修大学の枠組みを越えて多くの人々に広く読み継がれるものに発展して行くことを願っております。本リブレットが来るべき知識基盤社会の到来に寄与することを念じ、刊行の辞といたします。

平成二一年（二〇〇九年）四月

第一五代学長　日髙　義博